农历十一月十九日

2021年1月2日

星期六

Saturday, January 2th

二日

庚子年 戊子月 庚戌日

28 29 30 31 01 02 03

辛丑牛人曆

中国成语故事

一月

SUN	MON	TUE	WED	THU	FRI	SAT
					1	2
3	4	5	6	7	8	9
10	11	12	13	14	15	16
17	18	19	20	21	22	23
24	25	26	27	28	29	30
31						

二月

SUN	MON	TUE	WED	THU	FRI	SAT
	1	2	3	4	5	6
7	8	9	10	11	12	13
14	15	16	17	18	19	20
21	22	23	24	25	26	27
28						

三月

SUN	MON	TUE	WED	THU	FRI	SAT
	1	2	3	4	5	6
7	8	9	10	11	12	13
14	15	16	17	18	19	20
21	22	23	24	25	26	27
28	29	30	31			

四月

SUN	MON	TUE	WED	THU	FRI	SAT
				1	2	3
4	5	6	7	8	9	10
11	12	13	14	15	16	17
18	19	20	21	22	23	24
25	26	27	28	29	30	

五月

SUN	MON	TUE	WED	THU	FRI	SAT
						1
2	3	4	5	6	7	8
9	10	11	12	13	14	15
16	17	18	19	20	21	22
23	24	25	26	27	28	29
30	31					

六月

SUN	MON	TUE	WED	THU	FRI	SAT
		1	2	3	4	5
6	7	8	9	10	11	12
13	14	15	16	17	18	19
20	21	22	23	24	25	26
27	28	29	30			

农历十一月二十日

2021 年 1 月 3 日

星期日

Sunday, January 3th

三日

庚子年 戊子月 辛亥日

28 29 30 31 01 02 03

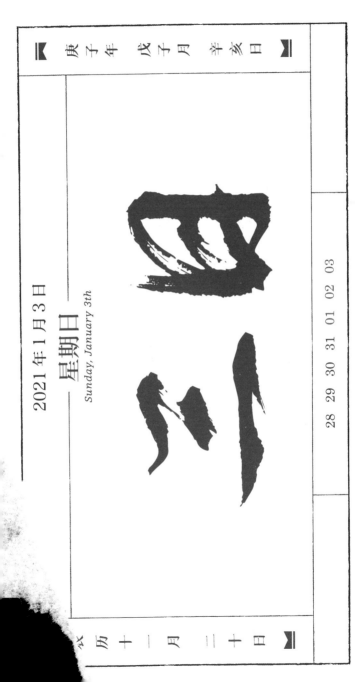

辛丑牛人曆

中国成语故事

七月

SUN	MON	TUE	WED	THU	FRI	SAT
				1	2	3
4	5	6	7	8	9	10
11	12	13	14	15	16	17
18	19	20	21	22	23	24
25	26	27	28	29	30	31

八月

SUN	MON	TUE	WED	THU	FRI	SAT
1	2	3	4	5	6	7
8	9	10	11	12	13	14
15	16	17	18	19	20	21
22	23	24	25	26	27	28
29	30	31				

九月

SUN	MON	TUE	WED	THU	FRI	SAT
			1	2	3	4
5	6	7	8	9	10	11
12	13	14	15	16	17	18
19	20	21	22	23	24	25
26	27	28	29	30		

十月

SUN	MON	TUE	WED	THU	FRI	SAT
					1	2
3	4	5	6	7	8	9
10	11	12	13	14	15	16
17	18	19	20	21	22	23
24	25	26	27	28	29	30
31						

十一月

SUN	MON	TUE	WED	THU	FRI	SAT
	1	2	3	4	5	6
7	8	9	10	11	12	13
14	15	16	17	18	19	20
21	22	23	24	25	26	27
28	29	30				

十二月

SUN	MON	TUE	WED	THU	FRI	SAT
			1	2	3	4
5	6	7	8	9	10	11
12	13	14	15	16	17	18
19	20	21	22	23	24	25
26	27	28	29	30	31	

2021年1月4日

星期一 *Monday, January 4th*

百步穿杨

出处：《史记·周本纪》：“楚有养由基者，善射者也，去柳叶百步而射之，百发而百中之。”又《汉书·枚乘传》“柳叶”作“杨叶”。

释义：能在百步以外用箭射穿选定的杨树叶子，形容箭术极其高明。

04 05 06 07 08 09 10

四日

农历十一月 廿一日

庚子年 戊子月 壬子日

百步穿杨

bǎi bù chuān yáng

（1）

养由基，又叫养叔，是春秋时期楚国人。他年轻时就勇力过人，射得一手好箭。有一天，邻里的青年们都聚集在一块空场上练习射箭，周围拥着许多人观看。

上海人民美術出版社

绘画：赵仁年

2021年1月1日

星期五

Friday, January 1th

农历十一月十八日

元旦节

庚子年 戊子月 己酉日

28 29 30 31 01 02 03

图书在版编目（CIP）数据

辛丑·千人历 / 金文明编文；顾炳鑫等绘. -- 上海：上海人民美术出版社，2020.11
ISBN 978-7-5586-1790-4
Ⅰ.①辛… Ⅱ.①金… ②顾… Ⅲ.①历书－中国－2021 Ⅳ.①P195.2
中国版本图书馆 CIP 数据核字(2020)第 185827 号

辛丑·千人历（中国成语故事）

出品人：顾伟
编文：金文明 等
绘画：顾炳鑫等
编者：上海人民美术出版社
责任编辑：罗秋香
校对：张琳海
技术编辑：齐秀宁
书籍设计：上海译出文化传播中心
出版发行：上海人民美術出版社
（上海长乐路 672 弄 33 号）
印刷：上海印刷（集团）有限公司
版次：2021 年 1 月第 1 次
印次：2021 年 1 月第 1 次
印张：印张 18.25
书号：978-7-5586-1790-4
定价：98.00 元

2021年1月5日

星期二

Tuesday, January 5th

庚子年 己丑月 癸丑日

小寒

农历十一月廿二日

04 05 06 07 08 09 10

百步穿杨（2）

bǎi bù chuān yáng

靶子设在五十步以外的地方。一位射手拉开弓连射三箭，箭箭正中红心，博得了一片喝彩声。养由基看到人们赞扬那位射手，就站出来说：『射中五十步以外的靶子，没有什么稀奇，咱们来个「百步穿杨」吧！』

上海人民美術出版社

2021年1月6日

星期三 *Wednesday, January 6th*

农历十一月 廿三日

庚子年 己丑月 甲寅日

04 05 06 07 08 09 10

百步穿杨 (3)

bǎi bù chuān yáng

养由基叫人在一百步以外的杨树上选定一片叶子，涂上红色做记号，然后对射手们说：『射吧，能够射穿那片杨叶，才是真正的好汉！』

上海人民美術出版社

2021年1月7日

星期四 *Thursday, January 7th*

农历十一月 廿四日

庚子年 己丑月 乙卯日

04 05 06 07 08 09 10

百步穿杨（4）

bǎi bù chuān yáng

刚才那位射手不甘示弱，举起弓瞄准杨叶射了一箭。箭落了空，连叶边也没有擦着。人们失望地喊了一声。那射手又连着射了两箭，一箭都没有中，他红着脸退到一旁。没有人再敢站出来试射。

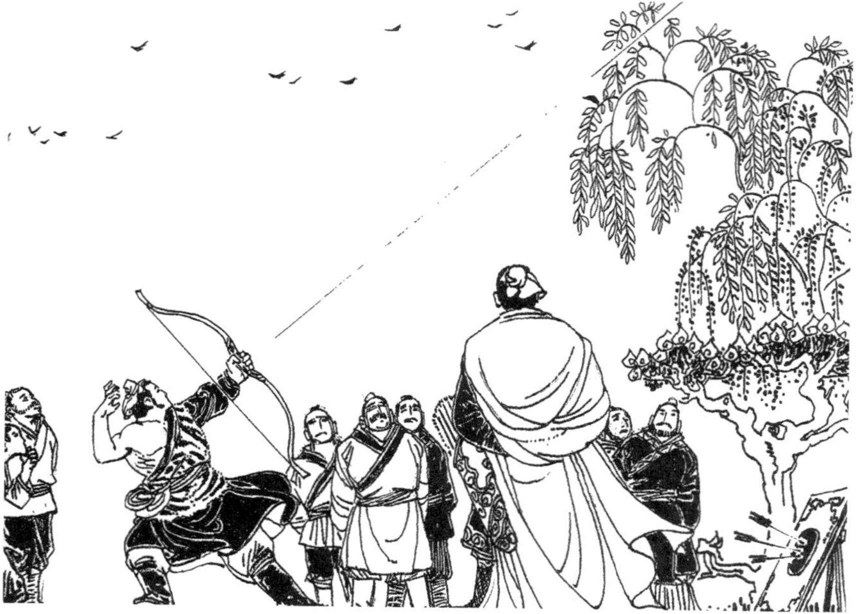

上海人民美術出版社

2021 年 1 月 8 日

星期五 *Friday, January 8th*

04 05 06 07 08 09 10

八日

农历十一月 廿五日

庚子年 己丑月 丙辰日

百步穿杨（5）

bǎi bù chuān yáng

养由基向人群环视了一下，从容不迫地走上一步，抽出箭，搭上弦。只听噔的一声，那支箭疾似流星般地直飞而去，把杨叶射了个对穿。人群顿时爆发出一片热烈的叫好声。

上海人民美術出版社

农历十一月廿六日

2021年1月9日

星期六

Saturday, January 9th

庚子年 己丑月 丁巳日

04 05 06 07 08 09 10

百步穿杨（6）

bǎi bù chuān yáng

刚才那位射手不服气地咕哝了一句说：『这一箭谁知道是不是碰巧射中的！』养由基听了，丝毫不动声色，叫人再去选定十片杨叶。只见他连连张弓发射，箭箭都命中目标。人们随着他手臂的一举一落，连声叫好。

上海人民美術出版社

农历十一月 廿七日

2021 年 1 月 10 日

星期日

Sunday, January 10th

十日

庚子年 己丑月 戊午日

04 05 06 07 08 09 10

百步穿杨（7）

bǎi bù chuān yáng

养由基射得性起，一箭一箭地朝着任意看中的杨叶射去，一口气射了一百箭，百发百中，没有一箭落空，把周围的人都惊呆了。很快，养由基『百步穿杨』的威名就传开了。

上海人民美術出版社

2021 年 1 月 11 日

星期一 *Monday, January 11th*

十一

庚子年 己丑月 己未日

农历十一月 廿八日

百尺竿头

出处： 宋·释道原《景德传灯录·长沙景岑禅师》："师示一偈曰：'百尺竿头不动人，虽然得入未为真。百尺竿头须进步，十方世界是全身。'"

释义： 佛教用"百尺竿头"比喻道行造诣达到极高境界。后来人们用"百尺竿头更进一步"，比喻不应满足已有的成就，还要继续努力，不断前进。

11 12 13 14 15 16 17

百尺竿头（1）

bǎi chǐ gān tóu

我国宋朝时，湖南长沙有位高僧名景岑，号招贤大师，人们称他为长沙和尚。

绘画：张文忠

上海人民美術出版社

2021 年 1 月 12 日

星期二 *Tuesday, January 12th*

十二

农历十一月 廿九日

庚子年 己丑月 庚申日

11 12 13 14 15 16 17

百尺竿头（2）

bǎi chǐ gān tóu

招贤大师常常出门传道讲经，没有固定的住所。一天，他被邀上法堂讲解佛经。

上海人民美術出版社

2021年1月13日

星期三 *Wednesday, January 13th*

11 12 13 14 15 16 17

十三

农历十二月 初一日

庚子年 己丑月 辛酉日

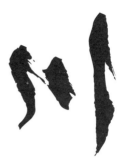

百尺竿头（3）

bǎi chǐ gān tóu

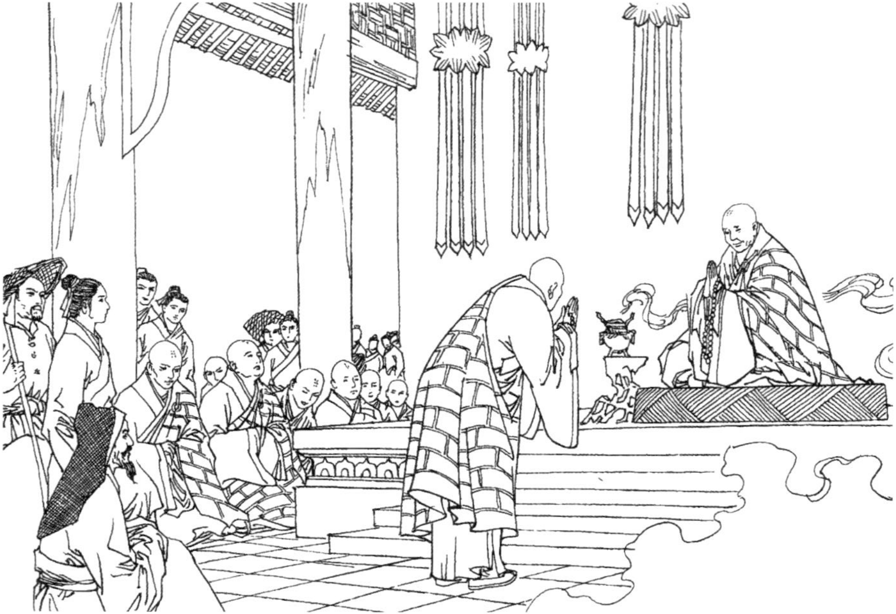

他讲得头头是道，听的人听得津津有味。有一位僧人听得很起劲，趋前向他提了几个问题。

上海人民美術出版社

2021 年 1 月 14 日

星期四 *Thursday, January 14th*

11 12 13 14 15 16 17

农历十二月 初二日

庚子年 己丑月 壬戌日

百尺竿头（4）

bǎi chǐ gān tóu

两人一问一答，讲的都是有关佛教的最高境界即『十方世界』的事。

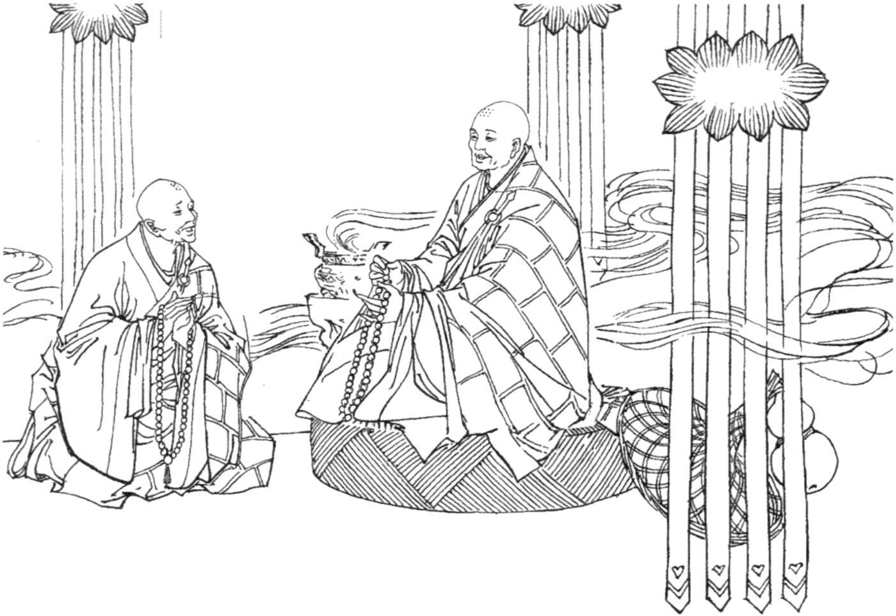

上海人民美術出版社

2021年1月15日

星期五 *Friday, January 15th*

11 12 13 14 15 16 17

农历十二月 初三日

庚子年 己丑月 癸亥日

百尺竿头（5）

bǎi chǐ gān tóu

招贤大师为了说明『十方世界』是怎么回事，就出示了一份偈（音季，佛经中的颂词）帖。

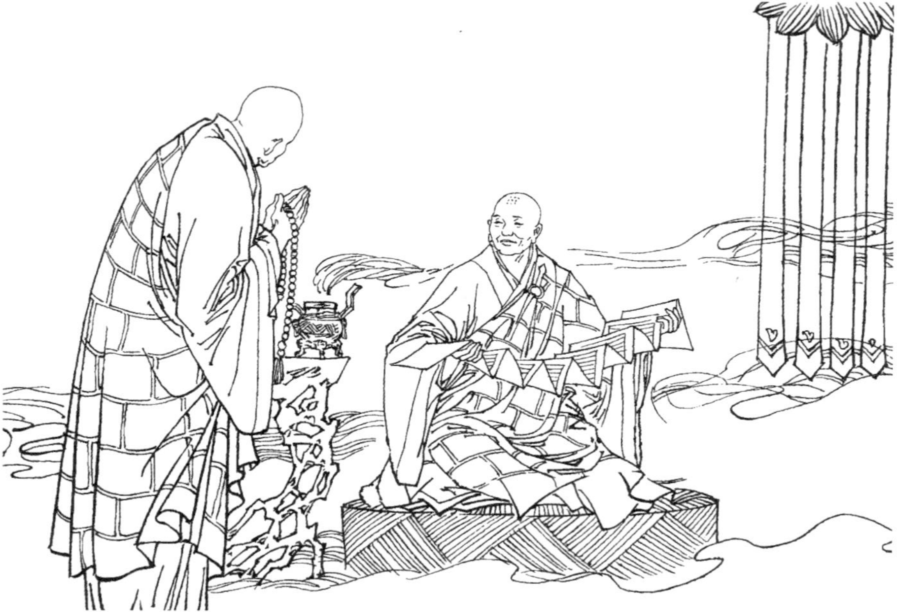

上海人民美術出版社

2021 年 1 月 16 日

星期六

Saturday, January 16th

农历十二月 初四日

庚子年 己丑月 甲子日

11 12 13 14 15 16 17

百尺竿头（6）

bǎi chǐ gān tóu

那偈帖上写道：『百尺竿头不动人，虽然得入未为真。百尺竿头须进步，十方世界是全身。』后来人们就用『百尺竿头』来比喻不应满足已有的成绩，应继续努力。

上海人民美術出版社

农历十二月初五日

2021 年 1 月 17 日

星期日

Sunday, January 17th

十七

庚子年 己丑月 乙丑日

11 12 13 14 15 16 17

上海人民美術出版社

2021 年 1 月 18 日

星期一 *Monday, January 18th*

不入虎穴 焉得虎子

出处：《后汉书·班超传》："超曰：'不入虎穴，不得虎子。'"

唐·皎然《诗式·取境》："夫不入虎穴，焉得虎子？"

释义：焉：怎能；虎子：小虎。"不入虎穴，焉得虎子"，不进老虎洞，怎能捉到小老虎。比喻不冒危险，就得不到成功。今也用来比喻不经历最艰苦的实践，就不能取得真知。原作"不得虎子"。

18 19 20 21 22 23 24

十八

农历十二月 初六日

庚子年 己丑月 丙寅日

不入虎穴 焉得虎子（1）

bú rù hǔ xué yān dé hǔ zǐ

上海人民美術出版社

东汉名将班超，奉命和从事（幕僚一类的文官）郭恂带领三十六名将士出使西域。班超一行首先来到了鄯善。鄯善王隆重地欢迎他们的到来，并给以种种礼遇。

绘画：王传义 谢智良 中流

2021年1月19日

星期二 *Tuesday, January 19th*

18 19 20 21 22 23 24

十九

农历十二月 初七日

庚子年 己丑月 丁卯日

不入虎穴 焉得虎子（2）

bú rù hǔ xué yān dé hǔ zǐ

上海人民美術出版社

可没过多久，班超发现鄯善王对他们突然冷淡疏远起来。『一定是匈奴也派人来了，鄯善王正在犹豫不决啊！』为了证实自己的判断，班超把接待他们的侍者找来。侍者经不住惊吓，就把匈奴派人来的情况一五一十讲了。

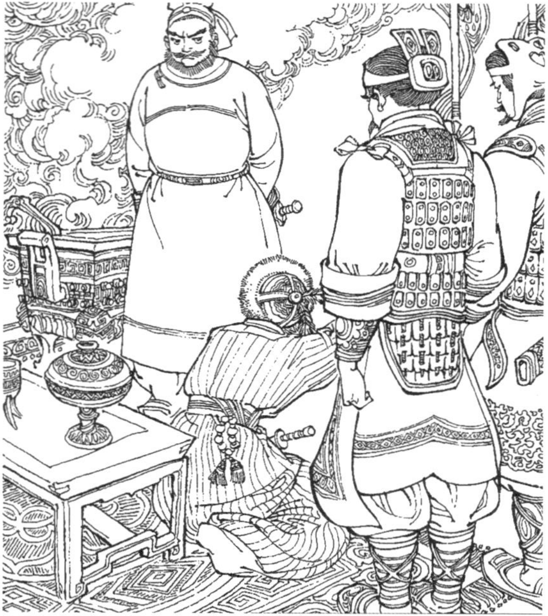

2021年1月20日

星期三

Wednesday, January 20th

农历十二月初八日

大寒

庚子年 己丑月 戊辰日

腊八节

18 19 20 21 22 23 24

不入虎穴 焉得虎子（3）

bú rù hǔ xué yān dé hǔ zǐ

班超把三十六名将士集中起来，准备偷袭匈奴。他斩钉截铁地说：『不入虎穴，不得虎子。不冒危险，就得不到成功。当今之计，只有趁黑夜用火攻匈奴使者，一举消灭他们。这样便可断了鄯善王投靠匈奴的念头。』

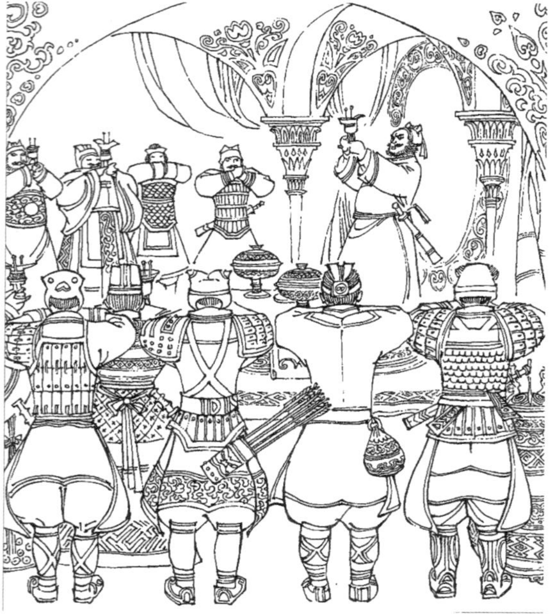

上海人民美術出版社

2021 年 1 月 21 日

星期四 *Thursday, January 21th*

18 19 20 21 22 23 24

廿一

农历十二月 初九日

庚子年 己丑月 己巳日

不入虎穴 焉得虎子（4）

bú rù hǔ xué yān dé hǔ zǐ

当夜，月黑风高，班超带领全体将士冲往匈奴使者营地。布置就绪，班超就顺风放火。顿时烈焰腾腾，杀声震天，风助火势，鼓张军威，简直就像千军万马从天而降。

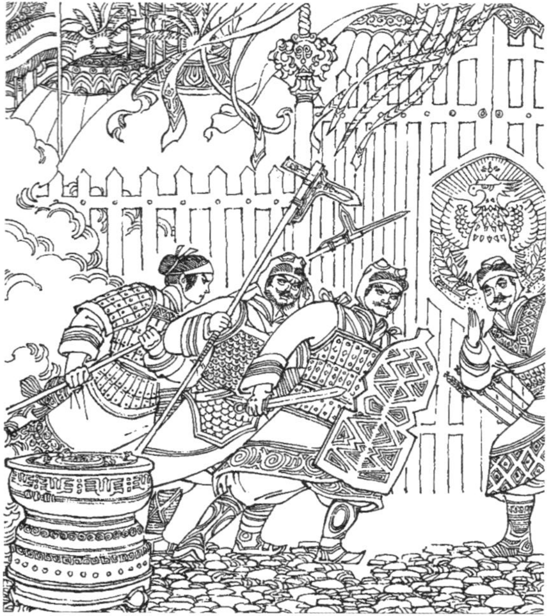

上海人民美術出版社

2021 年 1 月 22 日

星期五 *Friday, January 22th*

18 19 20 21 22 23 24

廿二

农历十二月 初十日

庚子年 己丑月 庚午日

不入虎穴 焉得虎子（5）

bú rù hǔ xué yān dé hǔ zǐ

上海人民美術出版社

匈奴使者营里人叫马嘶，乱作一团。班超奋勇当先，手起刀落，连斩三敌。将士们也奋起战斗，杀敌三十余人，其余敌人都在火中丧生。

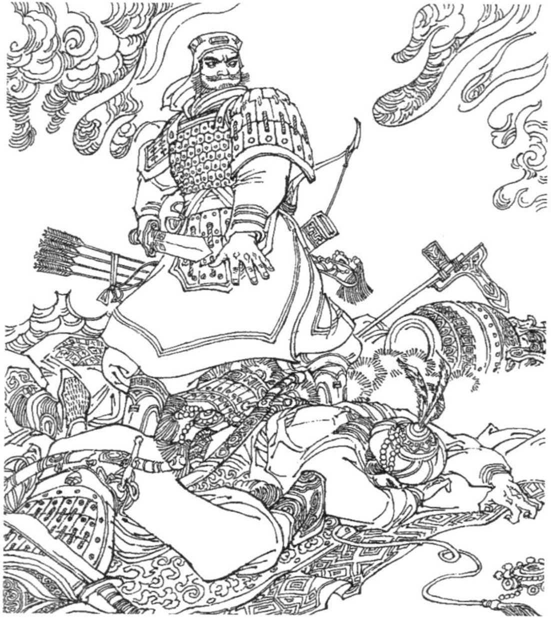

2021年1月23日

星期六

Saturday, January 23th

农历十二月十一日

廿三

庚子年 己丑月 辛未日

18 19 20 21 22 23 24

不入虎穴 焉得虎子（6）

bú rù hǔ xué yān dé hǔ zǐ

第二天，班超把鄯善王请来，让他看了匈奴使者的首级。鄯善王大惊失色。班超则和颜悦色地抚慰他，并把前后情况向他解释了一番。

上海人民美術出版社

农历十二月十二日

2021年1月24日

星期日

Sunday, January 24th

廿四

庚子年 己丑月 壬申日

18 19 20 21 22 23 24

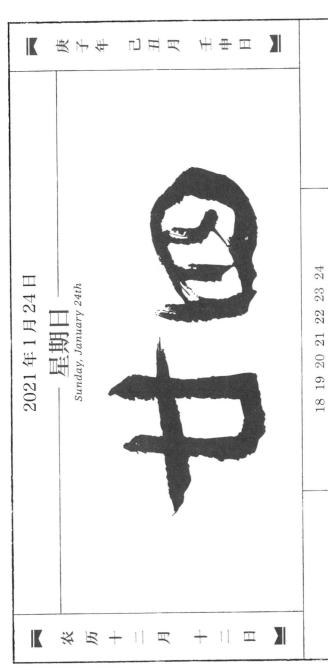

不入虎穴 焉得虎子（7）

bú rù hǔ xué yān dé hǔ zǐ

班超『不入虎穴，不得虎子』的果敢行动，震惊了鄯善全国，也使得鄯善王心悦诚服。鄯善王决定派儿子去汉朝，以表示和汉朝永远和睦相处。

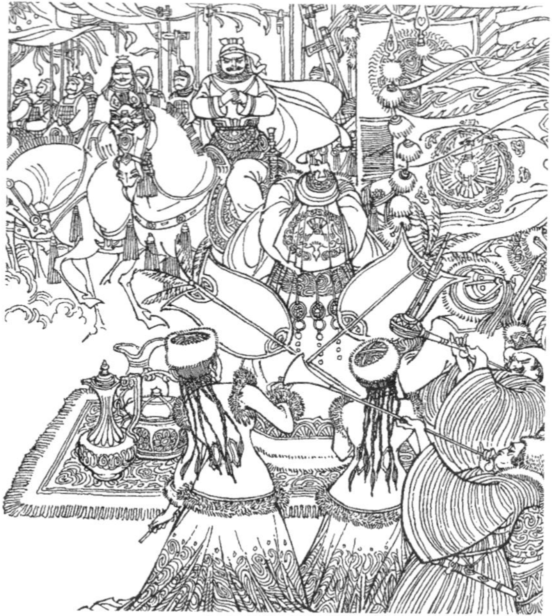

上海人民美術出版社

2021 年 1 月 25 日

星期一 *Monday, January 25th*

廿五

农历十二月 十三日

庚子年 己丑月 癸酉日

车水马龙

出处:《后汉书·明德马皇后纪》:“车如流水，马如游龙。”

释义: 车马往来不绝，形容场面热闹非凡。

25 26 27 28 29 30 31

车水马龙（1）

chē shuǐ mǎ lóng

汉光武帝去世后，太子刘庄即位，就是汉明帝。明帝把贵人马氏立为皇后。马皇后的父亲伏波将军马援，是帮助中兴汉室的大功臣。

绘画：王根发 常保生

上海人民美術出版社

2021 年 1 月 26 日

星期二 *Tuesday, January 26th*

25 26 27 28 29 30 31

廿六

农历十二月 十四日

庚子年 己丑月 甲戌日

车水马龙 （2）

chē shuǐ mǎ lóng

汉明帝为了永远纪念那些帮助汉室中兴的功臣，就命画师在南宫云台中画上他们的像。但是，为了避免亲宠外戚的嫌疑，汉明帝故意不把自己丈人的像画在上面。

上海人民美術出版社

2021 年 1 月 27 日

星期三 *Wednesday, January 27th*

农历十二月 十五日

庚子年 己丑月 乙亥日

25 26 27 28 29 30 31

车水马龙（3）

chē shuǐ mǎ lóng

马皇后处处虚心待人，对于明帝在功臣像里不画上马援的用意，她也心领神会。她生活俭朴，待人宽厚，还时常认真研读《春秋》《楚辞》等书籍，但从不干预朝政。

上海人民美術出版社

2021 年 1 月 28 日

星期四 *Thursday, January 28th*

廿八

农历十二月 十六日

庚子年 己丑月 丙子日

25 26 27 28 29 30 31

车水马龙（4）

chē shuǐ mǎ lóng

汉明帝去世后，太子即位，即汉章帝，当时才十八岁。马皇后被尊为皇太后。公元76年，汉章帝根据一些大臣的建议，打算把皇太后的弟兄封爵，太后阻止了这件事。

上海人民美術出版社

2021 年 1 月 29 日

星期五 *Friday, January 29th*

25 26 27 28 29 30 31

廿九

农历十二月 十七日

庚子年 己丑月 丁丑日

车水马龙（5）

chē shuǐ mǎ lóng

第二年夏天，全国发生了旱灾。一些大臣就借此机会给章帝上书，说今年之所以发生这么严重的自然灾害，是由于去年没有分封外戚的缘故，要求立即进行封爵。

上海人民美術出版社

2021 年 1 月 30 日

星期六

Saturday, January 30th

农历十二月 十八日

25 26 27 28 29 30 31

庚子年 己丑月 戊寅日

车水马龙（6）

chē shuǐ mǎ lóng

皇太后就此颁下诏书，坚决反对章帝分封诸舅，说：『提出封爵的，无非是想讨好我，从而自己也能得到好处。汉成帝时，同一天内把太后的五个弟弟封为关内侯，不是照样滴雨不见吗！』

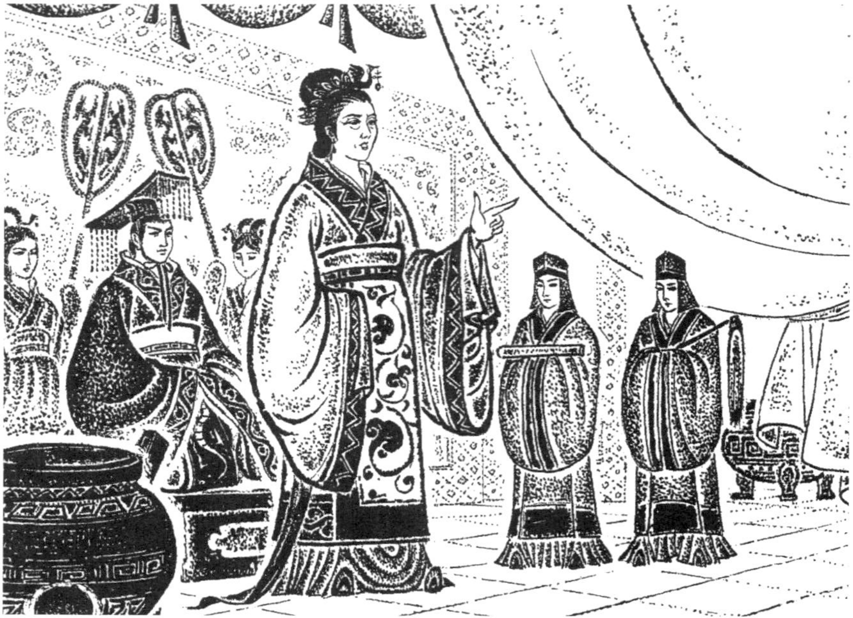

上海人民美術出版社

农历十二月十九日

2021年1月31日

星期日

Sunday, January 31th

庚子年 己丑月 己卯日

25 26 27 28 29 30 31

车水马龙（7）

chē shuǐ mǎ lóng

太后又说：『从前，我经过濯龙门时，看见外戚外出，真是「车如流水，马如游龙」啊。如此招摇，实在不好！』后来，人们把她所说的『车如流水，马如游龙』概括为成语『车水马龙』。

上海人民美術出版社

2021 年 2 月 1 日

星期一 *Monday, February 1th*

一日

农历十二月 二十日

庚子年 己丑月 庚辰日

唇亡齿寒

出处：《左传·僖公五年》：“晋侯复假道于虞以伐虢。宫之奇谏曰：‘虢，虞之表也。虢亡，虞必从之……谚所谓：辅车相依，唇亡齿寒者，其虞、虢之谓也。’”

释义：亡：失去。“唇亡齿寒”，没有了嘴唇，牙齿就感到寒冷。比喻关系密切。

01 02 03 04 05 06 07

唇亡齿寒（1）

chún wáng chǐ hán

春秋时，晋献公因为虢（音国）国经常侵犯晋的边境，便打算出兵一举消灭虢国。大夫荀息献计说：『虢与其邻国虞唇齿相依，最好向虞公借道，可以今日取虢而明日取虞。』

绘画：汪继声 汪溪

上海人民美術出版社

2021年2月2日

星期二 *Tuesday, February 2th*

世界湿地日

01 02 03 04 05 06 07

二日

农历十二月 廿一日

庚子年 己丑月 辛巳日

唇亡齿寒（2）

chún wáng chǐ hán

征得晋献公同意，荀息带上美玉、良马，出使虞国。虞公见晋使送来这么好的礼物，顿时眉开眼笑，答应借道给晋国。

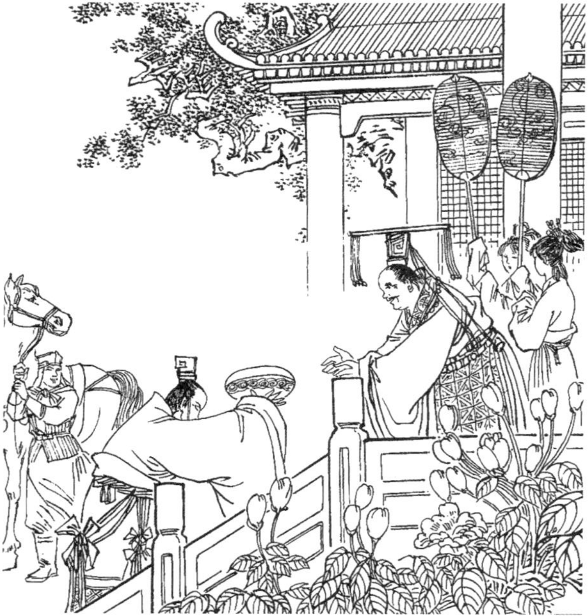

上海人民美術出版社

2021年2月3日

星期三

Wednesday, February 3th

农历十二月廿二日

辛丑年 庚寅月 壬午日

01 02 03 04 05 06 07

唇亡齿寒（3）

chún wáng chǐ hán

虞国大臣宫之奇向虞公谏道：『俗话说「唇亡齿寒」。虞、虢两国，唇齿相依，虢国一亡，虞国也就跟着完了。借道是万万不行的！』虞公却充耳不闻，收下了美玉、良马，让晋兵借道攻打虢国。

上海人民美術出版社

2021 年 2 月 4 日

星期四 *Thursday, February 4th*

小年

01 02 03 04 05 06 07

四

农历十二月 廿三日

日

辛丑年 庚寅月 癸未日

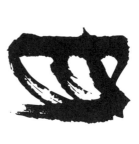

唇亡齿寒（4）

chún wáng chǐ hán

宫之奇见虞公执迷不悟，为了避祸，只好带着家眷离开虞国，一路无可奈何地叹道：『虞国很快就要灭亡，看来连这个年都过不成了！』

上海人民美術出版社

2021 年 2 月 5 日

星期五 *Friday, February 5th*

农历十二月 廿四日

辛丑年 庚寅月 甲申日

01 02 03 04 05 06 07

唇亡齿寒（5）

chún wáng chǐ hán

晋军通过虞国，直攻虢都。虢军根本没想到晋军会从虞国那边过来，措手不及，一下子被晋军消灭了。

上海人民美術出版社

农历十二月廿五日

2021年2月6日

星期六

Saturday, February 6th

辛丑年 庚寅月 乙酉日

01 02 03 04 05 06 07

唇亡齿寒（6）

chún wáng chǐ hán

晋军灭掉了虢国，从原路回师。虞公亲自到城外迎接晋军，庆贺胜利。晋军趁其不备，蜂拥而上，将虞公及其大臣统统捉住。

上海人民美術出版社

2021年2月7日

星期日

Sunday, February 7th

农历十二月 廿六日

辛丑年 庚寅月 丙戌日

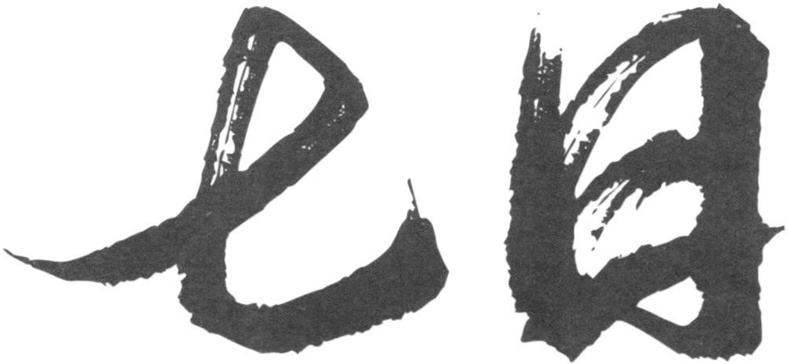

01 02 03 04 05 06 07

唇亡齿寒（7）

chún wáng chǐ hán

晋军搜到晋国送的美玉和良马。虞公见了，懊悔当初不听宫之奇『唇亡齿寒』的劝谏，但哪里还来得及呢！

上海人民美術出版社

2021 年 2 月 8 日

星期一 *Monday, February 8th*

从善如流

出处:《左传·成公八年》:"楚师之还也,晋侵沈,获沈子揖初,从知、范、韩也。君子曰:'从善如流,宜哉!'"

释义: 从善:听从好的、正确的意见;如流:像流水一样,比喻迅速。"从善如流",指乐意接受别人正确的意见。

08 09 10 11 12 13 14

八日

农历十二月 廿七日

辛丑年 庚寅月 丁亥日

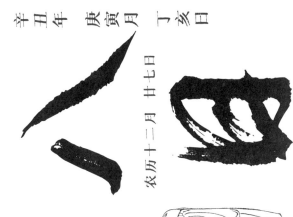

从善如流（1）

cóng shàn rú liú

春秋后期，楚国比较强大，不断兼并周围小国。公元前585年，楚军进攻郑国。郑国大败，向盟友晋国求救。晋国也是强国，晋景公派大臣栾书带领大军，前去救援郑国。

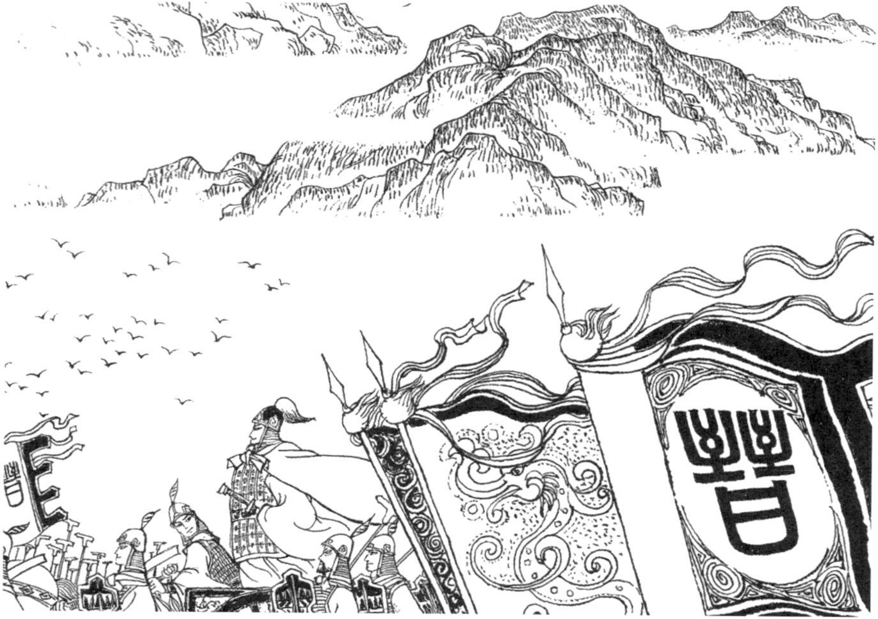

绘画：郭兵

上海人民美術出版社

2021年2月9日

星期二 *Tuesday, February 9th*

08 09 10 11 12 13 14

九日

农历十二月 廿八日

辛丑年 庚寅月 戊子日

从善如流（2）

cóng shàn rú liú

晋军与楚军，在郑国境内相遇。楚军看到晋军来势凶猛，就退兵回国去了。栾书很是恼火，便挥兵去攻打楚国的盟友蔡国。蔡国是个小国，当然不是晋军的对手。

上海人民美術出版社

2021年2月10日

星期三 *Wednesday, February 10th*

国际气象节

08 09 10 11 12 13 14

十日

农历十二月 廿九日

辛丑年 庚寅月 己丑日

从善如流（3）

cóng shàn rú liú

蔡国派人向楚国求援。这时，楚国也不愿罢休了，马上派公子申、公子成两人，带领申县、息县的军队，前来救援。楚军来了，晋国的大将赵同和赵括向栾书请战，栾书准备同意他们的请求。

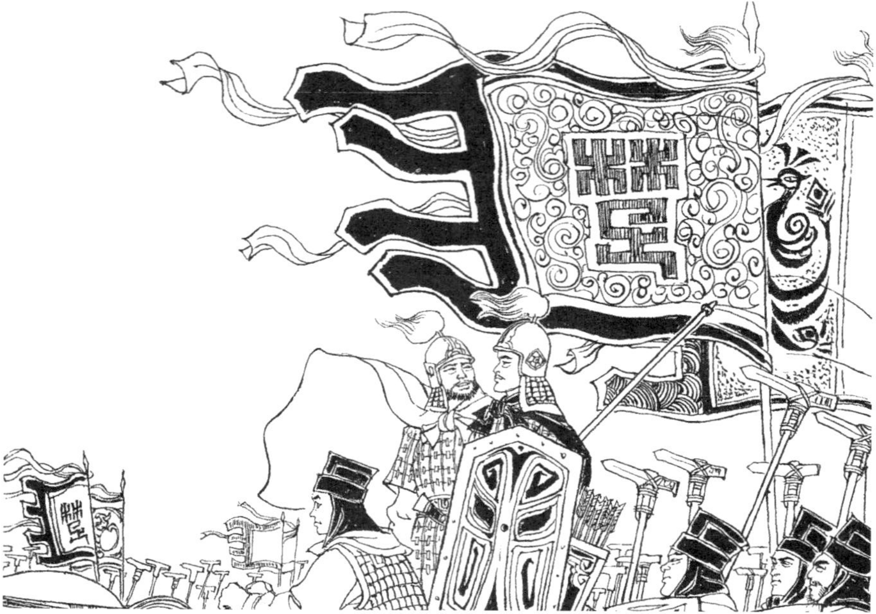

上海人民美術出版社

2021年2月11日

星期四

Thursday, February 11th

农历十二月三十日

除夕

辛丑年 庚寅月 庚寅日

08 09 10 11 12 13 14

从善如流（4）

cóng shàn rú liú

部下知庄子、范文子、韩献子对栾书说：『不能打。楚军退了又来，一定很难对付。我们即使胜了，也不过打败楚国两县的军队，不足为荣；如果打败，那就耻辱极了。』

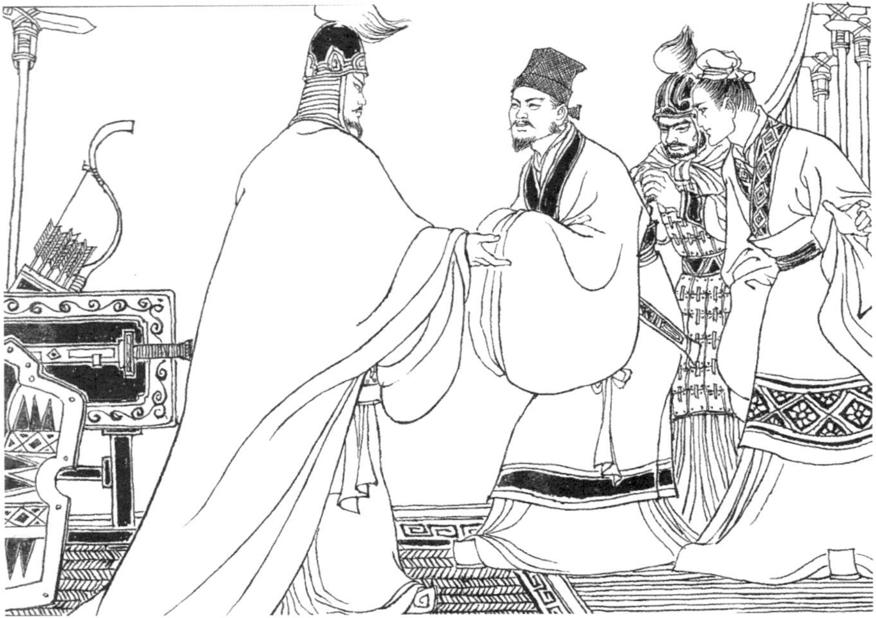

上海人民美術出版社

2021年2月12日

星期五

Friday, February 12th

农历正月初一日

春

节

辛丑年 庚寅月 辛卯日

08 09 10 11 12 13 14

从善如流（5）

cóng shàn rú liú

栾书听后，觉得很有道理。军中有人不解，说：『元帅手下六军卿佐共十一人，只有三人不主张打，可见想打的人占多数。元帅为什么不按多数人的想法行事？』

上海人民美術出版社

农历正月初二日

2021年2月13日

星期六

Saturday, February 13th

十三

辛丑年 庚寅月 壬辰日

08 09 10 11 12 13 14

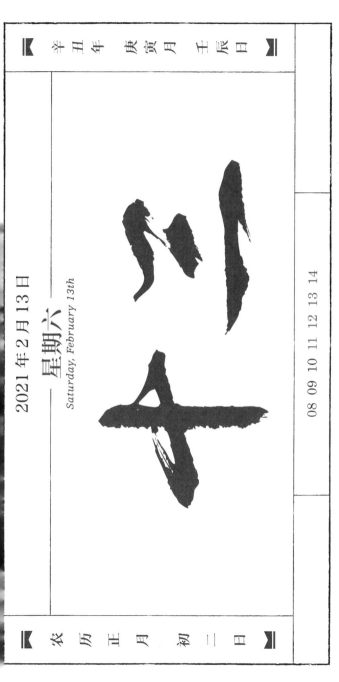

从善如流（6）

cóng shàn rú liú

栾书答道：『只有正确的意见，才能代表大多数。知庄子他们三位都是晋国的贤人，所提建议又很正确，他们才是真正能代表大多数的人。我采纳他们的意见，岂不很好！』

于是，栾书下令退兵，避免与楚军直接交锋。

上海人民美術出版社

2021年2月14日

星期日

Sunday, February 14th

农历正月 初三日

十四

辛丑年 庚寅月 癸巳日

情人节

08 09 10 11 12 13 14

从善如流（7）

cóng shàn rú liú

过了两年，栾书趁楚国不备，出兵进攻蔡国、沈国，轻易地赢得了胜利。因为栾书能听从部下的正确意见，当时，人们就赞扬他『从善如流，宜哉（做得恰当极了）！』

上海人民美術出版社

2021 年 2 月 15 日

星期一 *Monday, February 15th*

十五

农历正月 初四日

辛丑年 庚寅月 甲午日

大义灭亲

出处：《左传 · 隐公四年》：“石碏，纯臣也，恶州吁而厚与焉。大义灭亲，其是之谓乎！”

释义：为了维护国家和人民的利益，对犯罪的亲人不徇私情，使其受到应得的惩罚。

15 16 17 18 19 20 21

大义灭亲（1）

dà yì miè qīn

春秋时，卫国的州吁弑兄篡国，闹得众叛亲离，人心不附。为了改变这种孤立困境，他与心腹石厚商议对策，石厚说：『我父石碏（音鹊）做上卿时，人人服他，现告老在家，若能请他出来辅政，您的君位就稳了。』

绘画：崔君沛

上海人民美術出版社

2021年2月16日

星期二 *Tuesday, February 16th*

15 16 17 18 19 20 21

十六

农历正月 初五日

辛丑年 庚寅月 乙未日

大义灭亲

dà yì miè qīn

（2）

石碏看不惯他们的作为，推托有病不肯入朝。石厚向父亲求教稳定君位的妙计。石碏说：『诸侯接位，有了周天子的许可，众人就不能不服。』并建议他们去陈国请求陈桓公在周王面前替他周旋。

上海人民美術出版社

2021 年 2 月 17 日

星期三 *Wednesday, February 17th*

农历正月 初六日

辛丑年 庚寅月 丙申日

15 16 17 18 19 20 21

大义灭亲（3）

dà yì miè qīn

州吁听了拍手叫好。君臣俩带了厚礼来到陈国。陈国大夫子鍼（音针）接待他们。子鍼早已收到好友石碏的密信，要求他为民除害。子鍼请示陈桓公后，把州吁和石厚带往事先安排好的太庙。

上海人民美術出版社

2021年2月18日

星期四

Thursday, February 18th

农历正月初七日

雨水

辛丑年 庚寅月 丁酉日

15 16 17 18 19 20 21

大义灭亲（4）

dà yì miè qīn

进了太庙，州呼刚要行礼，子铖大喝一声：『周天子有令：捉拿弑君乱国之贼！』话音刚落，两边武士立即上前，将二人绑了。原来石子铖拿出石碏的信，当众宣读了。石碏请求陈国秉持正义，为民除害。

上海人民美術出版社

2021 年 2 月 19 日

星期五 *Friday, February 19th*

15 16 17 18 19 20 21

十九

农历正月 初八日

辛丑年 庚寅月 戊戌日

大义灭亲（5）

dà yì miè qīn

陈桓公吩咐把他俩分两处关押起来。并派使者来到卫国。石碏召集大夫商议此事。大家一致请求石碏做主：州吁弑君篡位，罪不可赦，不过石厚还请从宽处理。

上海人民美術出版社

农历正月初九日

2021年2月20日

星期六

Saturday, February 20th

辛丑年 庚寅月 己亥日

15 16 17 18 19 20 21

大义灭亲（6）

dà yì miè qīn

石碏大怒：『岂有此理！州吁的罪过全是我那个逆子造成的！我纵有爱子之心，也不能枉顾私情而忘大义！没人去执法？我老骨头自己去！』说罢他拿起拐杖要走，几个家臣拦住他，表示愿意代劳。

上海人民美術出版社

2021 年 2 月 21 日

星期日

Sunday, February 21th

农历正月 初十日

辛丑年 庚寅月 庚子日

15 16 17 18 19 20 21

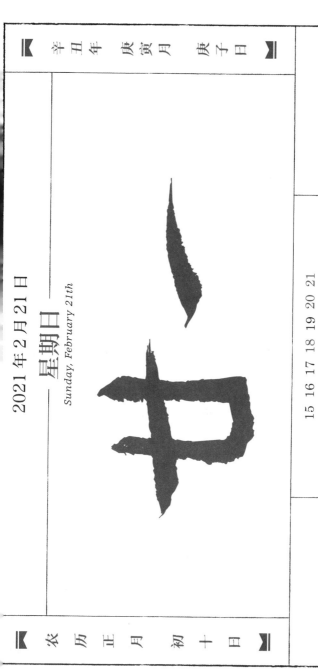

大义灭亲（7）

dà yì miè qīn

家臣来到陈国，行刑前，石厚央求：『求你们让我向父亲求个情。』家臣说：『我们就是奉你父亲之命来执法的。』说罢，手起刀落，将石厚斩了。当时人们赞扬说：『石碏，纯臣也……大义灭亲，其是之谓乎！』。

上海人民美術出版社

2021 年 2 月 22 日

星期一 *Monday, February 22th*

辛丑年 庚寅月 辛丑日

廿二

农历正月 十一日

东山再起

出处：《晋书·谢安传》记载：谢安曾经辞官隐居在会稽郡上虞县附近的东山，后又出山做了宰相。

释义：指隐退后再度任职。也比喻失败后，恢复力量再干。

22 23 24 25 26 27 28

东山再起（1）

dōng shān zài qǐ

谢安（320—385），东晋政治家，青年时代就才识不凡，很有点名望。他寓居在会稽郡上虞县附近的东山，和王羲之等人经常在那儿游山玩水，饮酒赋诗，避不为官。

绘画：韩硕

上海人民美術出版社

2021 年 2 月 23 日

星期二 *Tuesday, February 23th*

22 23 24 25 26 27 28

廿三

农历正月 十二日

辛丑年 庚寅月 壬寅日

东山再起（2）

dōng shān zài qǐ

扬州刺史千方百计地要请他出来做官。谢安在不得已的情况下只好应召，但只做了一个多月的官，便告辞回乡。

上海人民美術出版社

2021 年 2 月 24 日

星期三 *Wednesday, February 24th*

廿四

农历正月 十三日

辛丑年 庚寅月 癸卯日

22 23 24 25 26 27 28

东山再起（3）

dōng shān zài qǐ

回到东山，他妻子觉得丈夫的兄弟都很显贵，唯独他安于隐退，便劝道：『你不应当这样啊！』谢安回道：『目前政局多变，若热衷仕途，恐不免于祸患。』

上海人民美術出版社

2021 年 2 月 25 日

星期四

Thursday, February 25th

22 23 24 25 26 27 28

廿五

农历正月 十四日

辛丑年 庚寅月 甲辰日

东山再起（4）

dōng shān zài qǐ

后来，他的弟弟谢万被废黜。征西大将军桓温当政，请他担任司马之职，他才赴召。这时他已经四十多岁了。

2021年2月26日

星期五

Friday, February 26th

农历正月十五日

元宵节

辛丑年 庚寅月 乙巳日

上元节

22 23 24 25 26 27 28

东山再起（5）

dōng shān zài qǐ

到了孝武帝时，谢安位至宰相。当时北方的前秦强盛，攻陷梁、益、樊、邓等地。他使弟弟谢石与侄儿谢玄为将，加强防御。

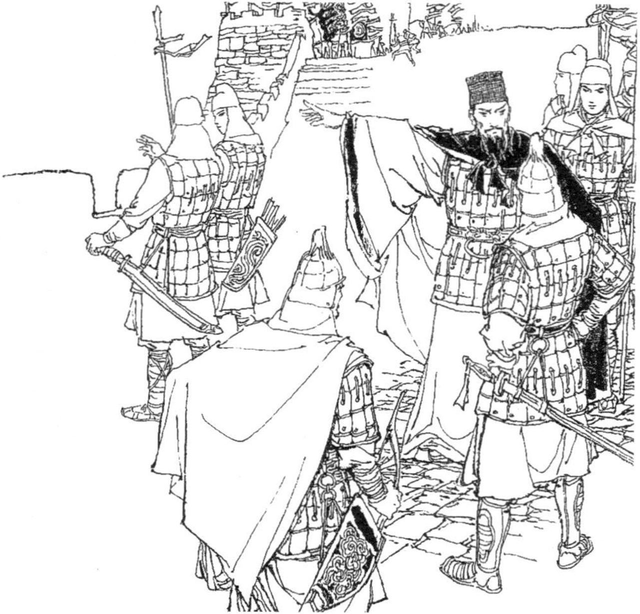

上海人民美術出版社

农历正月十六日

2021 年 2 月 27 日

星期六

Saturday, February 27th

辛丑年 庚寅月 丙午日

22 23 24 25 26 27 28

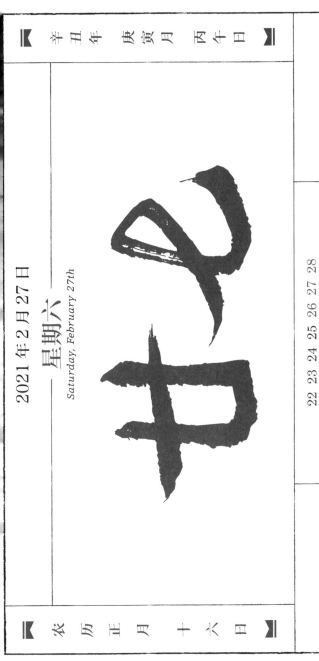

东山再起（6）

dōng shān zài qǐ

公元383年，前秦大军南下，江东大震。他力持镇静，从容指挥，使谢石、谢玄、刘牢之等拒敌，获得淝水之战的大胜。

上海人民美術出版社

农历正月十七日

2021 年 2 月 28 日

星期日

Sunday, February 28th

廿八

22 23 24 25 26 27 28

辛丑年 庚寅月 丁未日

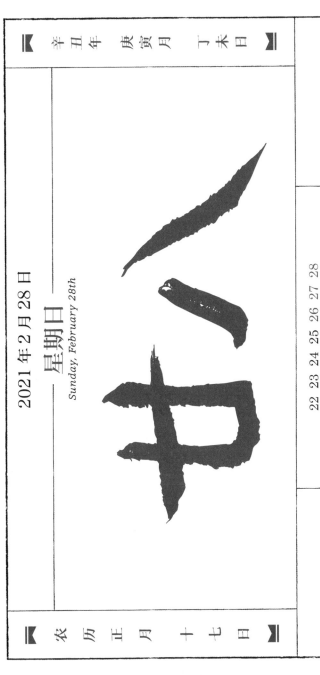

东山再起（7）

dōng shān zài qǐ

谢安又出兵北伐，一度到达黄河以北。所以后人用『东山再起』这个典故，比喻再度任职、建功。

2021 年 3 月 1 日

星期一 *Monday, March 1th*

国际海豹日

东施效颦

出处：《庄子·天运》：“故西施病心而矉其里，其里之丑人见而美之，归亦捧心而矉其里。其里之富人见之，坚闭门而不出；贫人见之，挈妻子而去之走。彼知矉美，而不知矉之所以美。”

释义：效：仿效；矉（音贫）：同“颦”，皱眉头。以丑学美称“效颦”。“东施效颦”，指不知道人家到底好在哪里而盲目模仿，有时会得到相反的效果。

01 02 03 04 05 06 07

一日

农历正月 十八日

辛丑年 庚寅月 戊申日

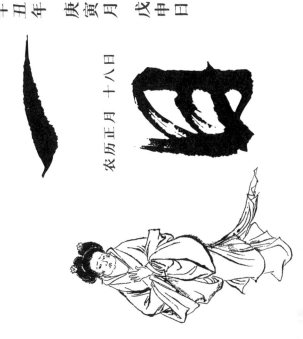

东施效颦

dōng shī xiào pín

（1）

上海人民美術出版社

西施是春秋末年越国有名的美女，生来亭亭玉立，婀娜多姿。

绘画：江南春

2021 年 3 月 2 日

星期二 *Tuesday, March 2th*

01 02 03 04 05 06 07

二日

农历正月 十九日

辛丑年 庚寅月 己酉日

东施效颦

dōng shī xiào pín

（2）

有一次，西施生了心痛病，用手按住胸口，愁眉蹙（音促）额。村里人见她那副表情，觉得反而比平时多了一种妩媚的风姿。

上海人民美術出版社

2021 年 3 月 3 日

星期三 *Wednesday, March 3th*

全国爱耳日

01 02 03 04 05 06 07

三日

农历正月 二十日

辛丑年 庚寅月 庚戌日

东(dōng)施(shī)效(xiào)颦(pín)

(3)

同村有个丑女名叫东施，看到西施那副模样，也模仿着用双手按住胸口，紧皱眉头，还故意缓慢地从村里走过。

上海人民美術出版社

2021 年 3 月 4 日

星期四 *Thursday, March 4th*

农历正月 廿一日

辛丑年 庚寅月 辛亥日

01 02 03 04 05 06 07

东施效颦

dōng shī xiào pín

（4）

村里的富人见了，急忙关上大门，看也不愿看她。

上海人民美術出版社

2021年3月5日

星期五

Friday, March 5th

农历正月廿二日

惊蛰

辛丑年 辛卯月 壬子日

学雷锋纪念日

01 02 03 04 05 06 07

东施效颦（5）

dōng shī xiào pín

穷苦人见了她那副怪模样，赶紧带着妻子儿女，远远地避开了。

上海人民美術出版社

农历正月廿三日

2021年3月6日

星期六

Saturday, March 6th

辛丑年 辛卯月 癸丑日

01 02 03 04 05 06 07

东施效颦

dōng shī xiào pín

（6）

丑女只知道按心皱眉的样子很美丽，却不知道西施按心皱眉显得更美的道理。后来人们就用『东施效颦』来比喻不知道别人好在哪里，不顾自己是否具备条件而胡乱学样。

上海人民美術出版社

2021 年 3 月 7 日

星期日

Sunday, March 7th

农历正月 廿四日

辛丑年 辛卯月 甲寅日

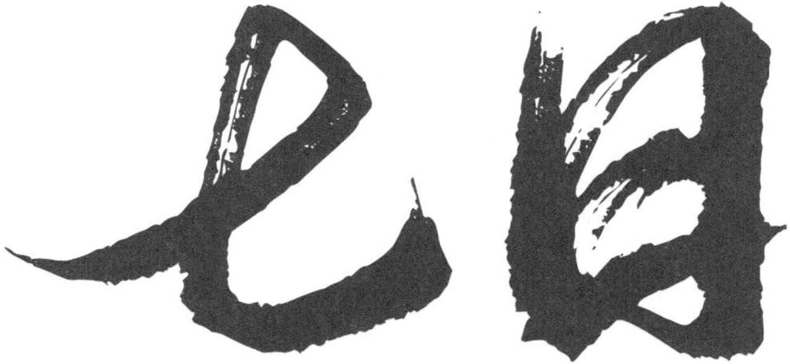

01 02 03 04 05 06 07

上海人民美術出版社

2021 年 3 月 8 日

星期一 *Monday, March 8th*

妇女节

八日

辛丑年 辛卯月 乙卯日

农历正月 廿五日

负荆请罪

出处：《史记·廉颇蔺相如列传》：“相如曰：‘……今两虎共斗，其势不俱生。吾所以为此者，以先国家之急而后私仇也。’廉颇闻之，肉袒负荆，因宾客至蔺相如门谢罪……”

释义：负：背；荆：荆条，可以用来鞭打。“负荆请罪”，表示向人认错赔罪。

08 09 10 11 12 13 14

负荆请罪（1）

fù jīng qǐng zuì

战国时，赵国的蔺相如胆略过人，能言善辩；大将军廉颇有勇有谋，屡建战功。二人一文一武辅佐赵王，赵国安定，周边诸侯都有所忌惮。

上海人民美術出版社

2021年3月9日

星期二 *Tuesday, March 9th*

08 09 10 11 12 13 14

九日

农历正月 廿六日

辛丑年 辛卯月 丙辰日

负荆请罪（2）

fù jīng qǐng zuì

蔺相如完璧归赵后，秦王为了威逼赵王屈服，约请他到渑（音免）池（今属河南）相会。渑池会上，由于蔺相如的机智英勇，秦国始终没能占到半点便宜。事后，赵王以蔺相如维护赵国尊严有功，拜他为上卿，名位在廉颇之上。

上海人民美術出版社

2021 年 3 月 10 日

星期三 *Wednesday, March 10th*

08 09 10 11 12 13 14

十日

农历正月 廿七日

辛丑年 辛卯月 丁巳日

负荆请罪（3）

fù jīng qǐng zuì

屡建战功的大将军廉颇见蔺相如职位比自己还高，不服气地说：『我有攻城拔寨的大功，而蔺相如不过动动口舌而已；况且此人出身贫贱，我不能屈居在他之下。倘若给我遇见，我一定要当面羞辱他。』

上海人民美術出版社

2021 年 3 月 11 日

星期四 *Thursday, March 11th*

十一

农历正月 廿八日

辛丑年 辛卯月 戊午日

08 09 10 11 12 13 14

负荆请罪（4）

fù jīng qǐng zuì

廉颇这些话很快传到了蔺相如耳中。但他能识大体，顾大局，所以每逢上朝的日子，故意装作有病，以免廉颇与自己争位次。有时蔺相如出门，远远望见廉颇，就吩咐车子调转方向，避开廉颇。

上海人民美術出版社

2021 年 3 月 12 日

星期五 *Friday, March 12th*

植树节

08 09 10 11 12 13 14

十二

农历正月 廿九日

辛丑年 辛卯月 己未日

负荆请罪（5）

fù jīng qǐng zuì

相府里的宾客们对蔺相如很是不满。蔺相如笑笑道：『相如敢在秦国朝廷上当众呵斥秦王，又怎会偏偏怕廉将军呢？强秦不敢侵赵，不过因为有我们两个人在。两虎相斗，必有一伤。我之所以避让他，是先国家之急而后私仇啊！』

上海人民美術出版社

农历二月初一日

2021年3月13日

星期六

Saturday, March 13th

十三

辛丑年 辛卯月 庚申日

08 09 10 11 12 13 14

负荆请罪 fù jīng qǐng zuì

（6）

蔺相如『先国家之急而后私仇』那句话不胫而走，传到了廉颇那里。廉颇一想，是自己太狭隘了，很是惭愧。连忙脱去衣服，命人拿来荆条，准备去向蔺相如请罪。

上海人民美術出版社

2021 年 3 月 14 日

星期日

Sunday, March 14th

农历二月初二日

辛丑年 辛卯月 辛酉日

国际警察日

08 09 10 11 12 13 14

龙头节

负荆请罪（7）

fù jīng qǐng zuì

廉颇背负荆条，来到相府，真诚地说：『我是个粗人，不知您对我这么宽厚啊！』蔺相如赶紧扶他起来。从此赵国将相和睦，秦国更不敢来侵犯了。

上海人民美術出版社

2021 年 3 月 15 日

星期一 *Monday, March 15th*

消费者权益日

公而忘私

出处：《汉书·贾谊传》：“故化成俗定，则为人臣者主而忘身，国而忘家，公而忘私，利不苟就，害不苟去，唯义所在。”

释义：为了公事而忘了私事。现多用以形容全心全意为国家利益着想的崇高精神。

15 16 17 18 19 20 21

十五

农历二月 初三日

辛丑年 辛卯月 壬戌日

公而忘私（1）

gōng ér wàng sī

上海人民美術出版社

春秋时代，晋国的国君晋平公，一天问大夫祁黄羊说：『南阳缺个县令，你看应该派谁去任职合适？』祁黄羊答道：『解狐最合适。』

绘画：范生福

2021 年 3 月 16 日

星期二 *Tuesday, March 16th*

15 16 17 18 19 20 21

十六

农历二月 初四日

辛丑年 辛卯月 癸亥日

公而忘私（2）

gōng ér wàng sī

晋平公惊奇地问道：『解狐不是你的仇人吗？为什么要推荐他？』祁黄羊说：『你问我什么人能胜任县令，并未问我谁是我的仇人呀！』晋平公说：『好。』

上海人民美術出版社

2021 年 3 月 17 日

星期三 *Wednesday, March 17th*

国际航海日

15 16 17 18 19 20 21

农历二月 初五日

辛丑年 辛卯月 甲子日

公而忘私（3）

gōng ér wàng sī

上海人民美術出版社

于是，晋平公就派解狐去任南阳县令。国人都称赞任命得对。

2021 年 3 月 18 日

星期四 *Thursday, March 18th*

15 16 17 18 19 20 21

十八

农历二月 初六日

辛丑年 辛卯月 乙丑日

公(gōng)而(ér)忘(wàng)私(sī)（4）

过了些日子，晋平公又问祁黄羊：『现在军中缺个武官，你看谁可以担当？』祁黄羊说：『祁午能够胜任。』

上海人民美術出版社

2021 年 3 月 19 日

星期五 *Friday, March 19th*

15 16 17 18 19 20 21

十九

农历二月 初七日

辛丑年 辛卯月 丙寅日

公而忘私（5）

gōng ér wàng sī

上海人民美術出版社

晋平公又奇怪起来，问道：『祁午不是你的儿子吗？』祁黄羊回答说：『你只问我谁可以胜任，并没有问我祁午是不是我的儿子呀！』晋平公说：『好。』

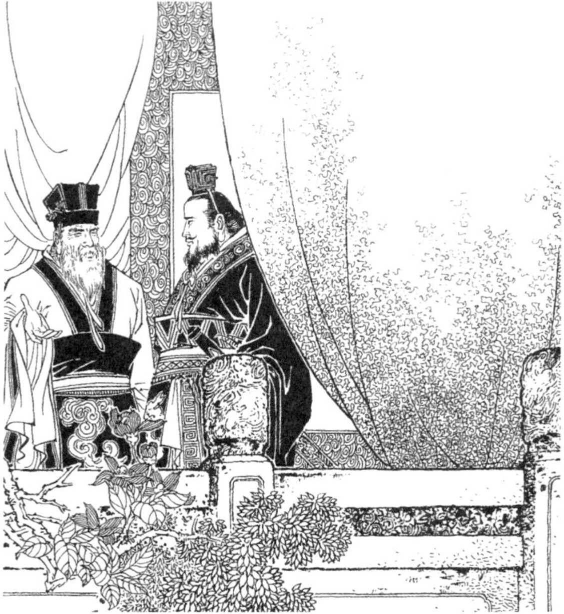

2021年3月20日

星期六

Saturday, March 20th

农历二月初八日

春分

辛丑年 辛卯月 丁卯日

15 16 17 18 19 20 21

公而忘私（6）

gōng ér wàng sī

于是，晋平公又派祁午去做武官。国人也都称赞任命得好。

上海人民美術出版社

2021 年 3 月 21 日

星期日

Sunday, March 21th

农历二月初九日

辛丑年 辛卯月 戊辰日

廿一

世界森林日

15 16 17 18 19 20 21

世界儿歌日

公而忘私 (gōng ér wàng sī)（7）

孔子听到这件事，极力称赞祁黄羊，认为他推荐人才以才德做标准，外不避仇，内不避亲，称得上是公而忘私。

上海人民美術出版社

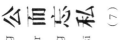

2021 年 3 月 22 日

星期一 *Monday, March 22th*

世界水日

廿二

辛丑年 辛卯月 己巳日

农历二月 初十日

邯郸学步

出处：《庄子·秋水》：“且子独不闻夫寿陵余子之学行于邯郸与？未得国能，又失其故行矣，直匍匐而归耳！”

释义：邯郸：战国时赵国的都城；学步：学习走路。“邯郸学步”，比喻模仿别人不成，反而连自己原来会的一点本领也丢了。

22 23 24 25 26 27 28

邯郸学步（1）

hán dān xué bù

传说古时候，赵国邯郸地方的人，走路的姿势轻盈、优美。燕国寿陵地方有个少年，不顾路途遥远，决心到邯郸去学习那里人走路的样子。

上海人民美術出版社

绘画：瞿顺发

2021 年 3 月 23 日

星期二 *Tuesday, March 23th*

世界气象日

22 23 24 25 26 27 28

廿三

农历二月 十一日

辛丑年 辛卯月 庚午日

邯郸学步（2）

hán dān xué bù

他翻山越岭，赶到邯郸，就整天待在闹市，观看那里人走路的姿势。

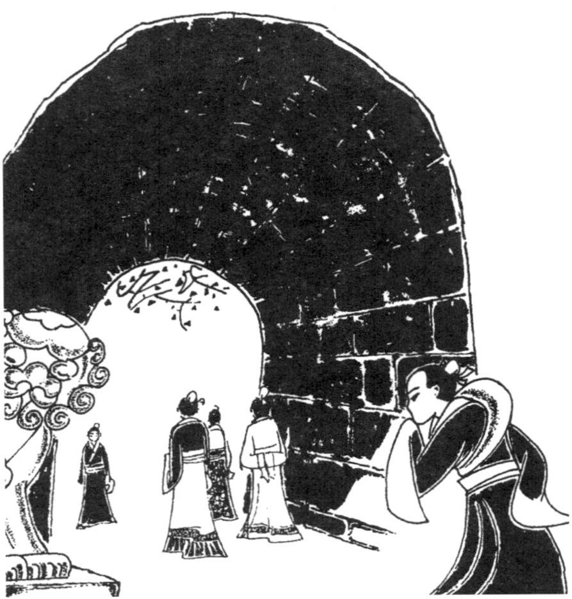

上海人民美術出版社

2021年3月24日

星期三 *Wednesday, March 24th*

世界防治结核病日

22 23 24 25 26 27 28

廿四

农历二月 十二日

辛丑年 辛卯月 辛未日

邯郸学步（3）

hán dān xué bù

他边看边琢磨邯郸人走路的特点，又模仿着做，可是学来学去，总是学不像。

上海人民美術出版社

2021 年 3 月 25 日

星期四 *Thursday, March 25th*

廿五

辛丑年 辛卯月 壬申日

农历二月 十三日

22 23 24 25 26 27 28

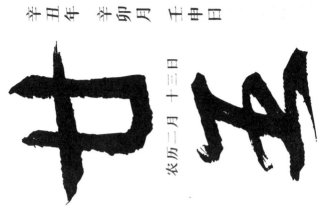

邯郸学步（4）

hán dān xué bù

他想，也许是自己走了十多年路，习惯于原来的走法，所以学不好。于是他下决心丢掉原来步法，从头学起。

上海人民美術出版社

2021 年 3 月 26 日

星期五 *Friday, March 26th*

22 23 24 25 26 27 28

农历二月 十四日

辛丑年 辛卯月 癸酉日

邯郸学步（5）

hán dān xué bù

从这以后，他每走一步，都得花费很大力气，既要考虑手脚摆动，又要考虑腰腿协调，还得想着每一步的距离，一时竟弄得手足无措。

上海人民美術出版社

农历二月十五日

2021年3月27日

星期六

Saturday, March 27th

辛丑年 辛卯月 甲戌日

22 23 24 25 26 27 28

邯郸学步（6）

hán dān xué bù

他越学越差劲，当学习期满，要赶回寿陵时，竟连怎么走路也忘掉了，最后只得狼狈地爬回去。后人便用『邯郸学步』，比喻模仿别人不成，反而丢了自己原有的本事。

上海人民美術出版社

农历二月十六日

2021年3月28日

星期日

Sunday, March 28th

廿八

辛丑年 辛卯月 乙亥日

22 23 24 25 26 27 28

上海人民美術出版社

2021 年 3 月 29 日

星期一 *Monday, March 29th*

全国中小学生安全教育日

画蛇添足

出处：《战国策·齐策二》：“楚有祠者，赐其舍人卮酒。舍人相谓曰：‘数人饮之不足，一人饮之有余。请画地为蛇，先成者饮酒。’一人蛇先成，引酒且饮之，乃左手持卮，右手画蛇，曰：‘吾能为之足！’未成，一人之蛇成，夺其卮曰：‘蛇固无足，子安能为之足？’遂饮其酒。”

释义：画好蛇又给添上脚。比喻做事节外生枝，不但无益，反而误事。卮（音支）：古代一种盛酒器。

29 30 31 01 02 03 04

廿九

农历二月 十七日

辛丑年 辛卯月 丙子日

画蛇添足（1）

huà shé tiān zú

楚国有个贵族，一天祭祀完他的祖先，赏给几个手下的人一壶美酒。

绘画：尤先瑞

上海人民美術出版社

2021 年 3 月 30 日

星期二 *Tuesday, March 30th*

农历二月 十八日

辛丑年 辛卯月 丁丑日

29 30 31 01 02 03 04

画蛇添足（2）

huà shé tiān zú

这些受赏赐的人就商量起来了。有人说：『几个人喝一壶酒，可不过瘾；要是一个人喝，那才痛快呢！我们不妨来个比赛，大家同时画蛇，谁先画好就喝这壶酒。』

上海人民美術出版社

2021年3月31日

星期三 *Wednesday, March 31th*

农历二月 十九日

辛丑年 辛卯月 戊寅日

29 30 31 01 02 03 04

画蛇添足（3）

huà shé tiān zú

大家都很赞成这个办法。于是每个人都折了一根树条，在地上画了起来。其中一人画得很快，一会儿就画好了。他把那壶酒拿过来，准备把它喝了。

上海人民美術出版社

2021年4月1日

星期四 *Thursday, April 1th*

愚人节

29 30 31 01 02 03 04

一日

农历二月 二十日

辛丑年 辛卯月 己卯日

画蛇添足（4）

huà shé tiān zú

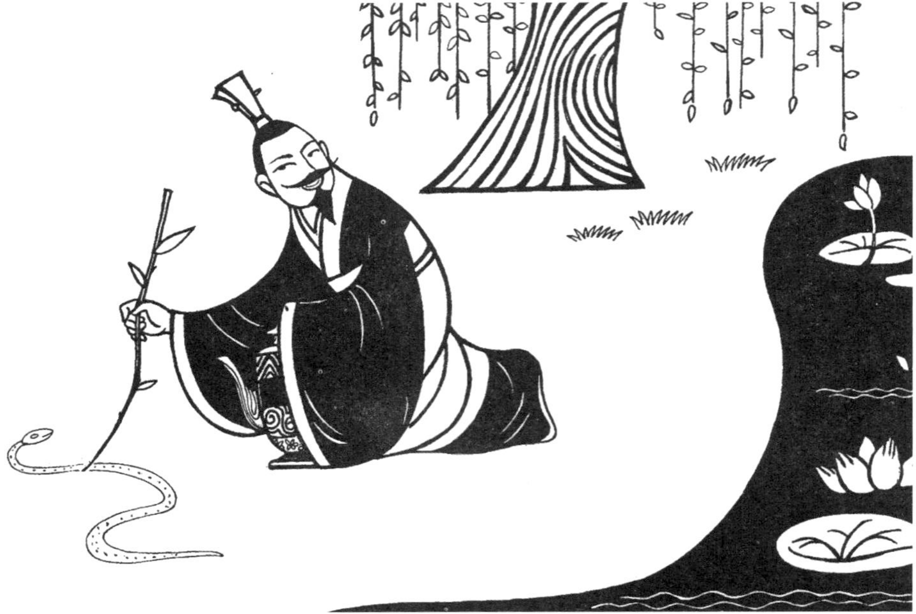

可是，他还想卖弄一下自己的本领，说：『我能够给蛇添上脚。』于是他右手继续作画，左手拿着酒壶，一副胜券在握的样子。

上海人民美術出版社

2021 年 4 月 2 日

星期五 *Friday, April 2th*

国际儿童图书日

29 30 31 01 02 03 04

二日

农历二月 廿一日

辛丑年 辛卯月 庚辰日

画蛇添足（5）

huà shé tiān zú

不料，他还没来得及给蛇画好脚，另一个人已经把蛇画好，一把抢过了他手里的酒壶。

上海人民美術出版社

2021年4月3日

星期六

Saturday, April 3th

农历二月廿二日

辛丑年 辛卯月 辛巳日

29 30 31 01 02 03 04

画(huà)蛇(shé)添(tiān)足(zú)（6）

那人把酒壶拿在手里，得意地说：『蛇本来就没有脚，你怎么能给它画上脚呢（「蛇固无足，子安能为之足」）？』说完，把酒咕噜咕噜地喝了下去。

上海人民美術出版社

2021年4月4日

星期日

Sunday, April 4th

清明节

辛丑年 壬辰月 壬午日

农历二月廿三日

29 30 31 01 02 03 04

画蛇添足（7）

huà shé tiān zú

那位给蛇添足的人目瞪口呆。从此，『画蛇添足』成了笑话，常常被人们用来比喻做事节外生枝，非但无益，反而坏事。

上海人民美術出版社

2021 年 4 月 5 日

星期一 *Monday, April 5th*

机不可失

出处：《旧唐书·李靖传》："兵贵神速，机不可失。"

释义：时机不可错过。

05 06 07 08 09 10 11

五日

农历二月 廿四日

辛丑年 壬辰月 癸未日

机不可失（1）

jī bù kě shī

李靖是唐初著名军事家，曾帮助唐高祖李渊建立唐王朝。公元621年，他上书献策平定割据长江中游地区称帝的萧铣。李渊任命他为行军总管，兼任大将李孝恭（高祖堂侄）的行军长史，随李孝恭率兵南下。

上海人民美術出版社

2021 年 4 月 6 日

星期二 *Tuesday, April 6th*

六日

农历二月 廿五日

辛丑年 壬辰月 甲申日

05 06 07 08 09 10 11

机不可失（2）

jī bù kě shī

九月，李孝恭、李靖等准备率兵渡江，直捣萧铣的巢穴江陵。许多将领认为水涨时渡江太危险，要求等水位下降后再进兵。李靖认为『兵贵神速，机不可失』，李孝恭听从他的意见，进兵夷陵。

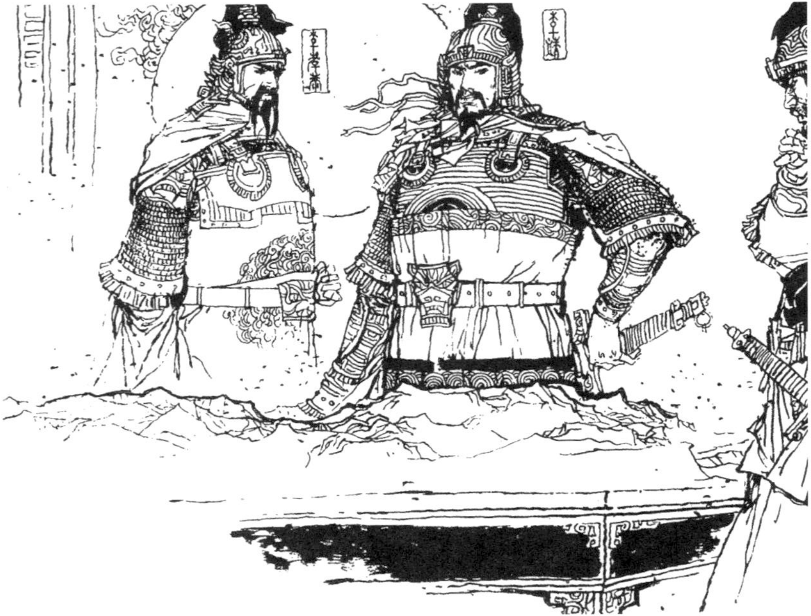

上海人民美術出版社

2021 年 4 月 7 日

星期三 *Wednesday, April 7th*

世界卫生日

05 06 07 08 09 10 11

农历二月 廿六日

辛丑年 壬辰月 乙酉日

机不可失（3）

jī bù kě shī

萧铣派部将文士弘率精兵数万屯扎在清江，准备抵挡唐军。李孝恭打算出击，李靖认为对方将猛兵勇，最近又刚失掉荆门，肯定都憋着一股气，很难打败。并建议暂时驻兵南岸，等敌军士气衰落时再出击。

上海人民美術出版社

2021年4月8日

星期四 *Thursday, April 8th*

国际珍惜动物保护日

八日

农历二月 廿七日

辛丑年 壬辰月 丙戌日

05 06 07 08 09 10 11

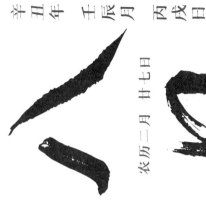

机不可失（4）

jī bù kě shī

李孝恭坚持出击，命李靖留守大营，自己带了部队出战。敌人果然厉害，李孝恭被杀得大败，逃回南岸。

上海人民美術出版社

2021 年 4 月 9 日

星期五 *Friday, April 9th*

05 06 07 08 09 10 11

九日

农历二月 廿八日

辛丑年 壬辰月 丁亥日

机不可失（5）

jī bù kě shī

李靖看到敌兵把掳掠来的大包小包带在身上，每个人都背得重重的，队伍已乱成一片，就趁机出击，纵兵大破敌阵，缴获敌船四百多艘，杀死敌兵近万人，挽救了危局。

上海人民美術出版社

农历二月廿九日

2021年4月10日

星期六

Saturday, April 10th

十日

辛丑年 壬辰月 戊子日

05 06 07 08 09 10 11

机不可失（6）

jī bù kě shī

李孝恭再派李靖率领五千轻装人马为先锋，进兵夷陵。李靖打败了萧铣手下的几员大将，把萧铣包围在城里。萧铣只好请降。

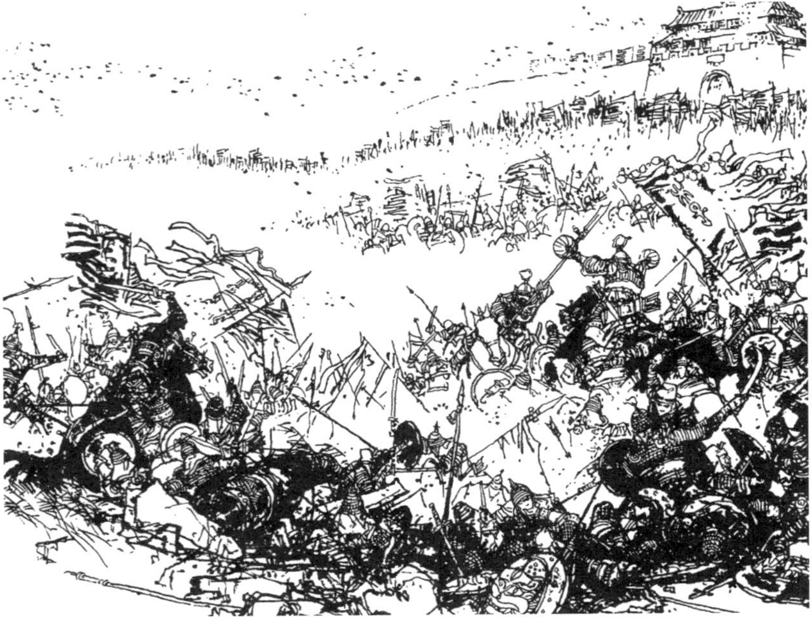

上海人民美術出版社

农历二月三十日

2021 年 4 月 11 日

星期日

Sunday, April 11th

辛丑年 壬辰月 己丑日

05 06 07 08 09 10 11

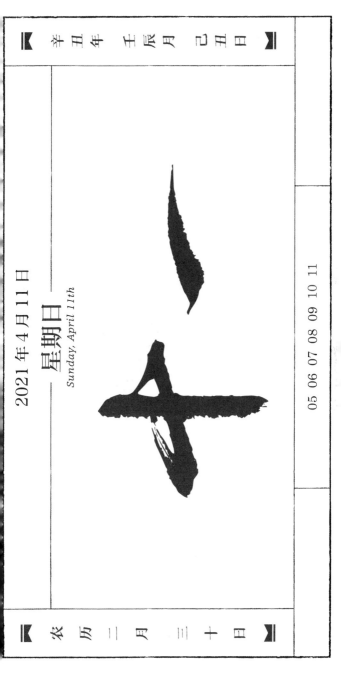

机不可失（7）

jī bù kě shī

唐军整队入城，号令森严。李靖不愧是个卓越的军事家，他那『兵贵神速，机不可失』的作战主导思想，至今仍被军事家们奉为至理名言。

上海人民美術出版社

2021 年 4 月 12 日

星期一 *Monday, April 12th*

世界航天日

十二

农历三月 初一日

辛丑年 壬辰月 庚寅日

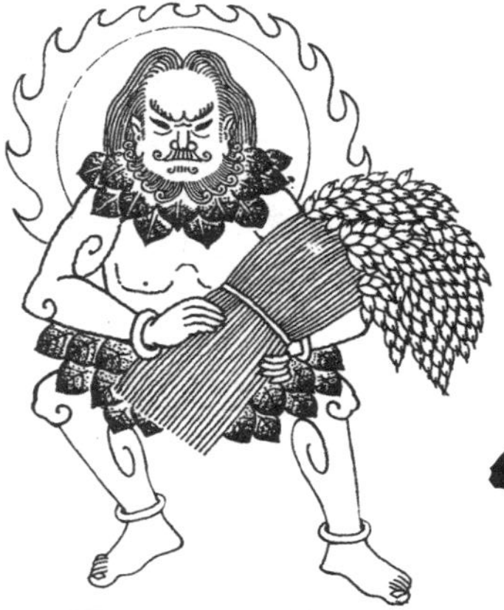

精卫填海

出处：《山海经·北山经》：“是炎帝之少女，名曰女娃。女娃游于东海，溺而不返，故为精卫，常衔西山之木石，以堙于东海。”

释义：精卫，古代神话中鸟名。“精卫填海”，精卫衔木石想将大海填平。比喻不畏艰难，不达目的誓不罢休的精神。

12 13 14 15 16 17 18

精卫填海（1）

jīng wèi tián hǎi

传说中国上古有个神农氏，曾经尝百草创立医学，教世人种植五谷。神农氏又名炎帝，据说他还是太阳神。

上海人民美術出版社

2021年4月13日

星期二

Tuesday, April 13th

十三

农历三月 初二日

辛丑年 壬辰月 辛卯日

12 13 14 15 16 17 18

精卫填海

jīng wèi tián hǎi

（2）

炎帝有个小女儿，名叫女娃，很喜欢玩水，常到东海里去游泳。

上海人民美術出版社

2021 年 4 月 14 日

星期三 *Wednesday, April 14th*

上巳节

12 13 14 15 16 17 18

十四

农历三月 初三日

辛丑年 壬辰月 壬辰日

精卫填海（3）

jīng wèi tián hǎi

一天，女娃游得太远。海面突然起了风浪，竟将她淹没了。

上海人民美術出版社

2021 年 4 月 15 日

星期四 *Thursday, April 15th*

12 13 14 15 16 17 18

农历三月 初四日

辛丑年 壬辰月 癸巳日

精卫填海（4）

jīng wèi tián hǎi

女娃死后，灵魂化为一只样子像乌鸦，头上有花纹，嘴呈白色，长着两只红脚的小鸟。这只小鸟每天到西山去衔树枝和石子。

上海人民美術出版社

2021 年 4 月 16 日

星期五 *Friday, April 16th*

12 13 14 15 16 17 18

辛丑年 壬辰月 甲午日

十六

农历三月 初五日

精卫填海
jīng wèi tián hǎi

（5）

小鸟衔着树枝和石子，飞呀，飞呀，一直飞到东海，把这些东西投进水中。一天又一天，一月又一月，一年又一年……小鸟决心要填平这曾经吞噬她的东海。

上海人民美術出版社

农历三月初六日

2021 年 4 月 17 日

星期六

Saturday, April 17th

辛丑年 壬辰月 乙未日

12 13 14 15 16 17 18

精卫填海 (6)

jīng wèi tián hǎi

小鸟叫起来声音像『精卫精卫』，人们便把它称作精卫鸟。『精卫填海』虽是神话，可是它反映了中国古代劳动人民顽强的改天换地的精神，几千年来一直为勤劳勇敢的人们所传诵。

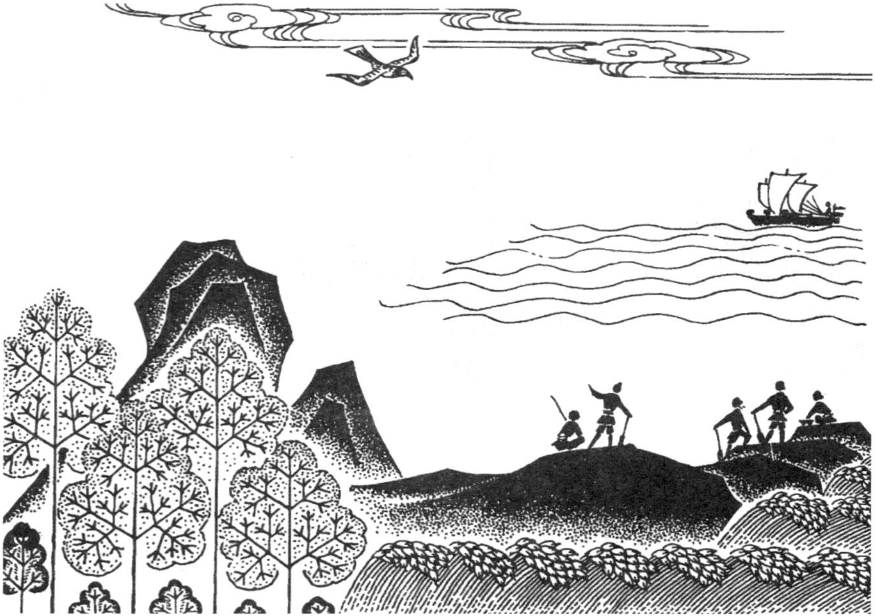

上海人民美術出版社

2021年4月18日

星期日

Sunday, April 18th

农历三月初七日

十八

辛丑年 壬辰月 丙申日

12 13 14 15 16 17 18

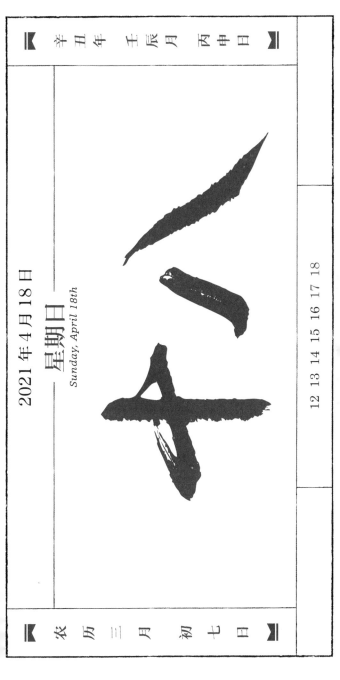

上海人民美術出版社

2021 年 4 月 19 日

星期一 *Monday, April 19th*

辛丑年 壬辰月 丁酉日

十九

农历三月 初八日

刻舟求剑

出处：《吕氏春秋·察今》：“楚人有涉江者，其剑自舟中坠于水，遽契其舟，曰：‘是吾剑之所从坠。’舟止，从其所契者入水求之。舟已行矣，而剑不行，求剑若此，不亦惑乎？”

释义：比喻拘泥固执，不知变通。

19 20 21 22 23 24 25

刻（kè）舟（zhōu）求（qiú）剑（jiàn）（1）

上海人民美術出版社

有个楚国人坐船过长江，不小心宝剑从剑鞘滑出，掉入江中。

绘画：吴大成

2021年4月20日

星期二

Tuesday, April 20th

农历三月初九日

谷雨

辛丑年 壬辰月 戊戌日

19 20 21 22 23 24 25

刻舟求剑（2）

kè zhōu qiú jiàn

上海人民美術出版社

他赶紧伸手去抓，哪里还来得及！江水滔滔，宝剑一眨眼就沉没了。

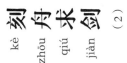

2021 年 4 月 21 日

星期三 *Wednesday, April 21th*

廿一

农历三月 初十日

辛丑年 壬辰月 己亥日

19 20 21 22 23 24 25

刻舟求剑（3）

kè zhōu qiú jiàn

楚国人舍不得宝剑，但又不敢跳进江中去捞，他灵机一动，急忙掏出小刀，在船舷上刻了道印记。

上海人民美術出版社

2021 年 4 月 22 日

星期四 *Thursday, April 22th*

世界地球日

19 20 21 22 23 24 25

廿二

农历三月 十一日

辛丑年 壬辰月 庚子日

刻舟求剑（4）

kè zhōu qiú jiàn

船上的人都觉得奇怪，便问他为什么要刻下记号。他解释道：『这是宝剑掉下去的地方啊。』

上海人民美術出版社

2021 年 4 月 23 日

星期五 *Friday, April 23th*

世界图书和版权日

19 20 21 22 23 24 25

农历三月 十二日

辛丑年 壬辰月 辛丑日

刻 kè 舟 zhōu 求 qiú 剑 jiàn

（5）

船靠了岸，楚国人就在刻印记的地方跳下水去寻找那把宝剑。

上海人民美術出版社

农历三月十三日

2021年4月24日

星期六

Saturday, April 24th

廿四

辛丑年 壬辰月 壬寅日

亚非新闻工作者日

19 20 21 22 23 24 25

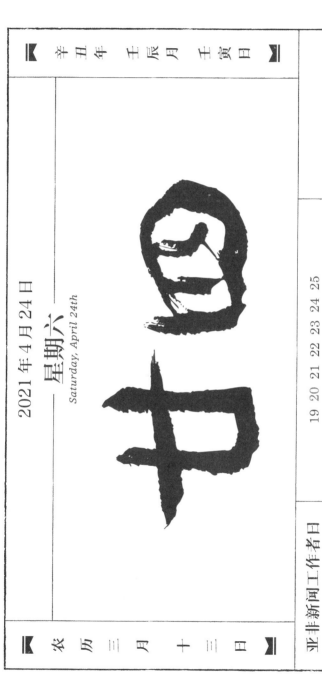

刻(kè)舟(zhōu)求(qiú)剑(jiàn)

（6）

船已离开宝剑落水的地方那么远，又怎么可能找得到呢？后来人们就以『刻舟求剑』来比喻一个人拘泥固执，不知变通。

上海人民美術出版社

农历三月十四日

2021年4月25日

星期日

Sunday, April 25th

廿五

辛丑年 壬辰月 癸卯日

19 20 21 22 23 24 25

上海人民美術出版社

2021 年 4 月 26 日

星期一 *Monday, April 26th*

滥竽充数

出处：《韩非子·内储说上》：“齐宣王使人吹竽，必三百人。南郭处士请为王吹竽，宣王说之，廪食以数百人。宣王死，湣王立，好一一听之，处士逃。”

释义：滥：与真实不符，引申为蒙混；竽：一种簧管乐器；充数：凑数。“滥竽充数”，不会吹竽的人混在吹竽的乐队里充数。比喻没有本领的人混在有真才实学的人里面，或以次充好。有时也表示自谦。

26 27 28 29 30 01 02

廿六

农历三月 十五日

辛丑年 壬辰月 甲辰日

滥竽充数（1）

lànyú chōngshù

战国时期，齐宣王爱听吹竽，又喜欢大排场，每次总是叫三百人合奏。

上海人民美術出版社

绘画：顾炳鑫

2021 年 4 月 27 日

星期二 *Tuesday, April 27th*

农历三月 十六日

辛丑年 壬辰月 乙巳日

26 27 28 29 30 01 02

滥竽充数（2）

lànyúchōngshù

有个南郭先生，其实并不会吹竽，却竭力吹嘘自己是吹竽能手，并表示愿为齐宣王演奏。

上海人民美術出版社

2021 年 4 月 28 日

星期三 *Wednesday, April 28th*

26 27 28 29 30 01 02

廿八

农历三月 十七日

辛丑年 壬辰月 丙午日

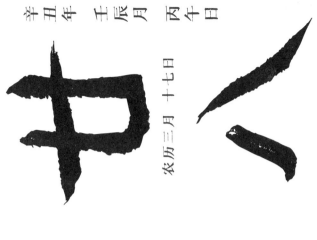

滥竽充数（3）

làn yú chōng shù

齐宣王很高兴，给他很好的待遇，把他编在吹竽队里。

上海人民美術出版社

2021 年 4 月 29 日

星期四 *Thursday, April 29th*

世界舞蹈日

26 27 28 29 30 01 02

廿九

农历三月 十八日

辛丑年 壬辰月 丁未日

滥竽充数（4）

lànyúchōngshù

每次吹竽时，南郭先生混在队中，拿着竽装腔作势地摆出吹奏的子。这样一次次混过去，却不曾被发现。

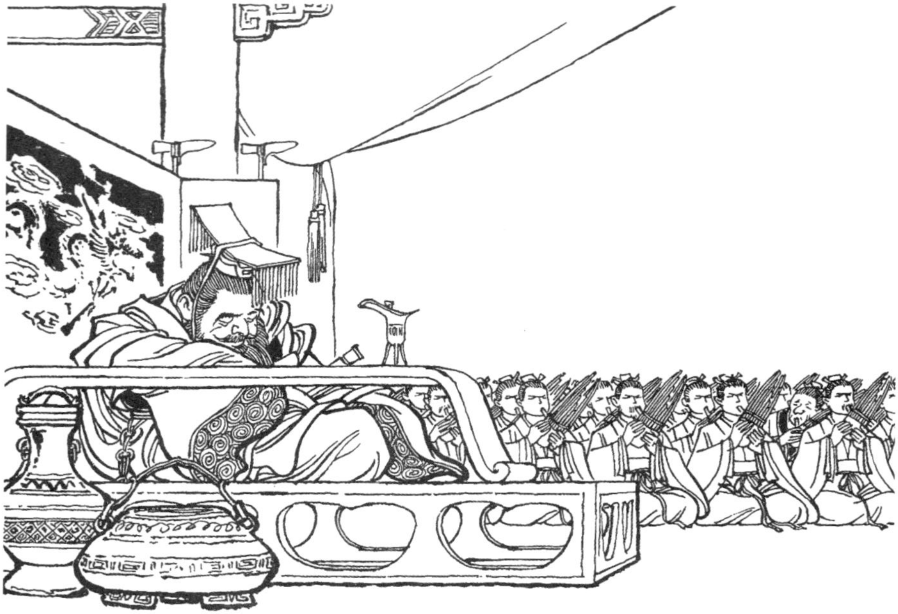

上海人民美術出版社

2021 年 4 月 30 日

星期五 *Friday, April 30th*

国际不打小孩日

26 27 28 29 30 01 02

卅日

农历三月 十九日

辛丑年 壬辰月 戊申日

滥竽充数（5）

làn yú chōng shù

后来，齐宣王死了，他的儿子湣（音敏）王登位。湣王也喜欢听吹竽，不过不爱听合奏。他叫那些吹竽的人，一个个地吹给他听。

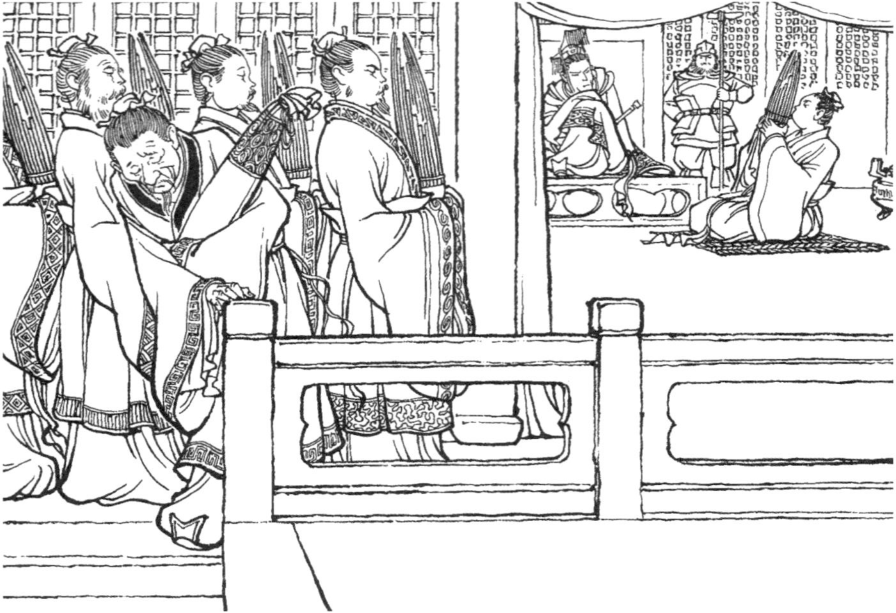

上海人民美術出版社

2021年5月1日

星期六

Saturday, May 1th

劳动节

农历三月二十日

辛丑年 壬辰月 己酉日

26 27 28 29 30 01 02

滥竽充数（6）

làn yú chōng shù

南郭先生听到这样的要求，惶急万分，只得偷偷地溜走了。

上海人民美術出版社

2021 年 5 月 2 日

星期日

Sunday, May 2th

农历三月廿一日

辛丑年 壬辰月 庚戌日

26 27 28 29 30 01 02

上海人民美術出版社

2021 年 5 月 3 日

星期一 *Monday, May 3th*

世界新闻自由日

老马识途

出处：《韩非子·说林上》：“管仲、隰朋从于桓公而伐孤竹，春往冬反，迷惑失道。管仲曰：‘老马之智可用也。’乃放老马而随之，遂得道。”

释义：途：道路。“老马识途”，原意说老马认得出道路。现多指有经验的人对情况熟悉，能把事情办好。

03 04 05 06 07 08 09

三日

农历三月 廿二日

辛丑年 壬辰月 辛亥日

老马识途 （1）

lǎo mǎ shí tú

公元前663年，齐桓公发兵孤竹国（今河北卢龙南），随军出发的有一个名叫管仲的大臣，知识渊博，足智多谋。

上海人民美術出版社

绘画：胡永凯

2021 年 5 月 4 日

星期二 *Tuesday, May 4th*

青年节

四日

农历三月 廿三日

辛丑年 壬辰月 壬子日

03 04 05 06 07 08 09

老马识途（2）

lǎo mǎ shí tú

战争从春季开始，凯旋时已是冬天，山川草木变了样子，齐军不熟悉孤竹地理，途中迷失了道路。

上海人民美術出版社

2021年5月5日

星期三

Wednesday, May 5th

农历三月廿四日

立夏

辛丑年 癸巳月 癸丑日

03 04 05 06 07 08 09

老马识途（3）

lǎo mǎ shí tú

到了夜间，天黑雾浓，阴风惨惨。点火把照明，风一吹就熄灭了；行路更是分不清南北西东。

上海人民美術出版社

2021 年 5 月 6 日

星期四 *Thursday, May 6th*

03 04 05 06 07 08 09

六日

农历三月 廿五日

辛丑年 癸巳月 甲寅日

老马识途 (4)

lǎo mǎ shí tú

天亮了，齐桓公发觉，原来齐军已走入一个地势险要的山谷，赶忙派出几支人马，分头寻找出路。

上海人民美術出版社

2021 年 5 月 7 日

星期五 *Friday, May 7th*

农历三月 廿六日

辛丑年 癸巳月 乙卯日

03 04 05 06 07 08 09

老马识途（5）

lǎo mǎ shí tú

可是山高谷深，到处陡壁悬崖，派出的人左盘右旋，怎么也摸不出去。

上海人民美術出版社

2021年5月8日

星期六

Saturday, May 8th

农历三月廿七日

八日

辛丑年 癸巳月 丙辰日

世界红十字日

03 04 05 06 07 08 09

老马识途（6）

lǎo mǎ shí tú

齐桓公急得不知怎么才好。管仲说：『老马之智可用也。』于是吩咐士兵将几匹老马的缰绳解开，放它们自由行走。

上海人民美術出版社

农历三月廿八日

2021年5月9日

星期日

Sunday, May 9th

九日

辛丑年 癸巳月 丁巳日

母亲节

03 04 05 06 07 08 09

老马识途（7）

lǎo mǎ shí tú

齐军跟在老马后面行进。走着走着，居然弯弯曲曲地出了谷口。管仲所说的老马之智可用，后来演变为成语『老马识途』。

上海人民美術出版社

2021 年 5 月 10 日

星期一 *Monday, May 10th*

老牛舐犊

出处：《后汉书·杨彪传》：“（彪）子修为曹操所杀。操见彪问曰：‘公何瘦之甚！’对曰：‘愧无日磾先见之明，犹怀老牛舐犊之爱。’”

释义：舐（音氏）：舔；犊：小牛。“老牛舐犊”，就是老牛舔小牛，比喻疼爱儿子。日磾（音密低）：人名，指金日磾，本是匈奴贵族，汉武帝任命其为车骑将军，为人笃实。他的两个儿子为武帝所宠爱，养在宫中。后他察觉两儿淫乱，便把他们杀了，免生后患。

10 11 12 13 14 15 16

十日

农历三月 廿九日

辛丑年 癸巳月 戊午日

老牛舐犊（1）

lǎo niú shì dú

杨修，三国时曹操的主簿，才思敏捷。有一次，丞相府修建花园，曹操前去观看，只在园门上写了个『活』字就走了。只有杨修明白其中的奥妙，命人将园门改造窄了，曹操果然满意，但心中开始忌惮杨修。

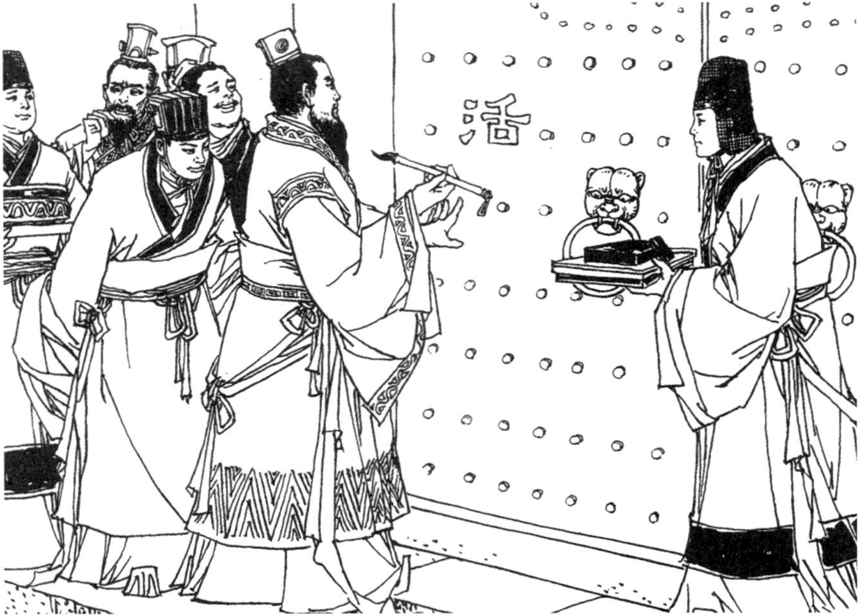

绘画：刘斌昆

上海人民美術出版社

2021 年 5 月 11 日

星期二 *Tuesday, May 11th*

十一

农历三月 三十日

辛丑年 癸巳月 己未日

10 11 12 13 14 15 16

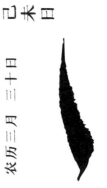

老牛舐犊（2）

lǎo niú shì dú

一日，曹操得了一盒酥，十分爱吃，在盒子上写了『一合酥』三字，放在桌上。杨修见了，竟然和大家分吃了。曹操查问此事，杨修说：『盒子上明明写着一人一口酥，怎敢违背丞相的命令？』曹操大笑，心里却厌恶起来。

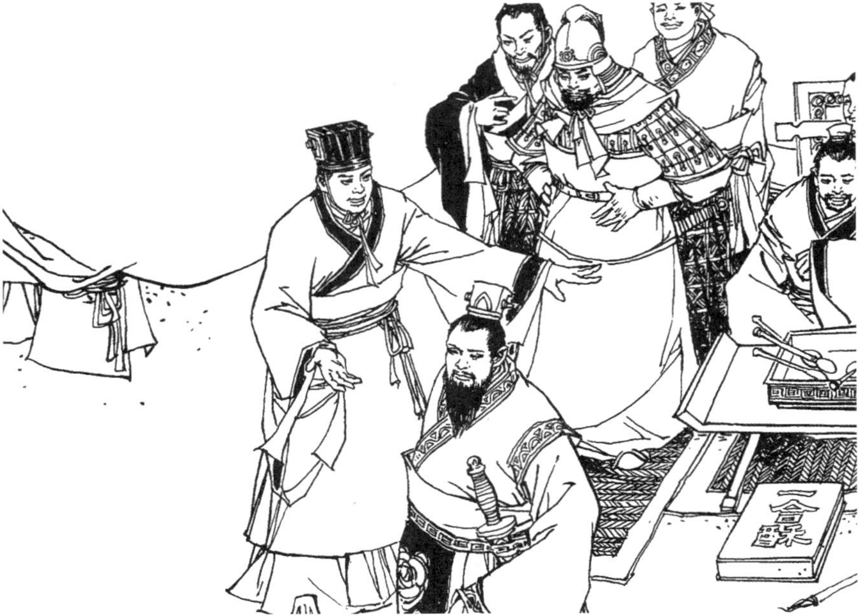

上海人民美術出版社

2021 年 5 月 12 日

星期三 *Wednesday, May 12th*

国际护士节

10 11 12 13 14 15 16

十二

农历四月 初一日

辛丑年 癸巳月 庚申日

老牛舐犊（3）

lǎo niú shì dú

曹操的第三子曹植，常和杨修谈论天下大事，每次曹操问他军国大事时，曹植都能对答如流，曹操甚是喜欢。但后来得知，这都是杨修的说教，曹操勃然大怒：『这家伙竟敢欺骗我！』于是想杀杨修。

上海人民美術出版社

2021 年 5 月 13 日

星期四 *Thursday, May 13th*

10 11 12 13 14 15 16

十三

农历四月 初二日

辛丑年 癸巳月 辛酉日

老牛舐犊（4）

lǎo niú shì dú

公元218年秋，曹操在汉中与刘备相持日久，打算退兵。正在犹豫不决，军士进来问夜间号令，曹操见桌上饭碗中有鸡肋，有感于此，便说：『鸡肋！』

上海人民美術出版社

2021 年 5 月 14 日

星期五 *Friday, May 14th*

10 11 12 13 14 15 16

十四

农历四月 初三日

辛丑年 癸巳月 壬戌日

老牛舐犊 (5)

lǎo niú shì dú

行军主簿杨修见传『鸡肋』二字，当即吩咐随行军士各自收拾行装，准备归程。左右请问原由，他说：『鸡肋者，食之无肉，弃之可惜。今进不能胜，留此无益，不如早归。从今夜口令，可知退兵在即。』

上海人民美術出版社

2021年5月15日

星期六

Saturday, May 15th

农历四月初四日

辛丑年 癸巳月 癸亥日

国际家庭日

10 11 12 13 14 15 16

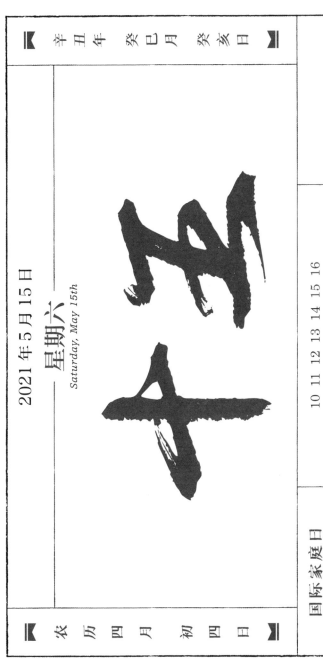

老牛舐犊（6）

lǎo niú shì dú

消息一下传开，军中都在收拾行装。曹操闻讯大惊，召来杨修盘问。杨修把鸡肋的含意说了，曹操大怒，以『扰乱军心』罪将他杀了。

上海人民美術出版社

农历四月初五日

2021年5月16日

星期日

Sunday, May 16th

十六

辛丑年 癸巳月 甲子日

全国助残日

10 11 12 13 14 15 16

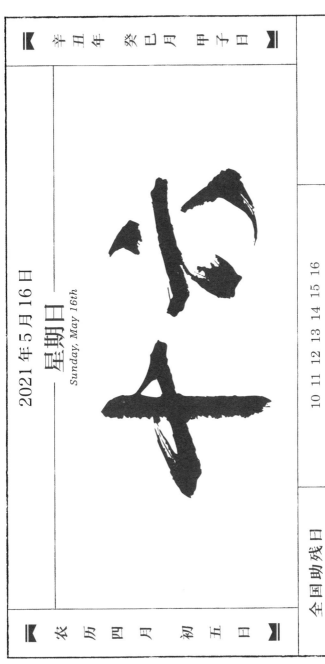

老牛舐犊（7）

lǎo niú shì dú

儿子被杀，老父亲杨彪痛惜万分，身体暴瘦。曹操见了问他原因，杨彪说：『我虽没有金日磾的先见之明，终究还怀有老牛舐小牛那样的爱子之情啊。』

上海人民美術出版社

2021 年 5 月 17 日

星期一 *Monday, May 17th*

国际电信日

辛丑年 癸巳月 乙丑日

农历四月 初六日

老生常谈

出处:《三国志·魏书·管辂传》:“此老生之常谭。”

释义: 谭:也作“谈”。“老生常谈”,老书生常讲的话,没有新的意思。比喻听惯听厌的话。

17 18 19 20 21 22 23

老生常谈（1）

lǎo shēng cháng tán

上海人民美術出版社

三国时候，魏国有一个人名叫管辂，容貌长得很粗丑，却聪明好学。他从小喜好天文，十五岁以后，更是一心精读《周易》，研究各种卜术，善于替人占卜，渐渐地在社会上了有名气，被称为神童。

绘画：张冠哲

2021 年 5 月 18 日

星期二 *Tuesday, May 18th*

国际博物馆日

17 18 19 20 21 22 23

十八

农历四月 初七日

辛丑年 癸巳月 丙寅日

老生常谈（2）

lǎo shēng cháng tán

这天正是农历十二月二十八日，吏部尚书何晏、侍中尚书邓飏（音阳）差人来请管辂占卜。何晏道：『你就给我算算我能不能升到大司马、大司徒、大司空三公的职位？』接着又说：『这几天我夜夜梦见苍蝇叮在鼻子上，赶也赶不走，这又是什么预兆呢？』

上海人民美術出版社

2021年5月19日

星期三 *Wednesday, May 19th*

17 18 19 20 21 22 23

十九

农历四月 初八日

辛丑年 癸巳月 丁卯日

老生常谈（3）

lǎo shēng cháng tán

当时何、邓两人，都是曹操侄孙曹爽的心腹。曹爽握有军权，与何、邓等结党营私，为非作歹，名声很不好。管辂早就知道这班人的所作所为，很想趁机骂他们一顿。

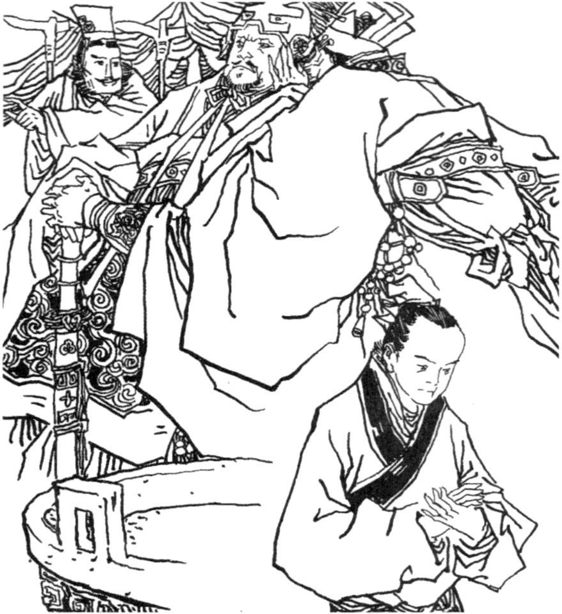

上海人民美術出版社

2021 年 5 月 20 日

星期四 *Thursday, May 20th*

全国学生营养日

17 18 19 20 21 22 23

农历四月 初九日

辛丑年 癸巳月 戊辰日

老生常谈（4）

lǎo shēng cháng tán

于是，他说：『从前周公日夜辅佐周成王，致使国泰民安；如今君侯位高权重，可是感念你的人很少，惧怕你的人很多，这可不是好现象啊！至于你梦中的迹象，在卦卜中讲是个凶象。劝君侯学学圣贤的样子，那么升任三公也并不困难的。』

上海人民美術出版社

2021年5月21日

星期五

Friday, May 21th

农历四月初十日

小满

辛丑年 癸巳月 己巳日

17 18 19 20 21 22 23

老生常谈（5）

lǎo shēng cháng tán

邓飏在一旁听了很不满意，摇着头说：『这都是老生常谈，没什么意思！』管辂却笑道：『老生常谈的话，人们往往不加注意！』何晏越听越生气，虎着脸说：『哼，等过了年，再跟你算账！』

上海人民美術出版社

农历四月十一日

2021年5月22日

星期六

Saturday, May 22th

廿二

辛丑年 癸巳月 庚午日

17 18 19 20 21 22 23

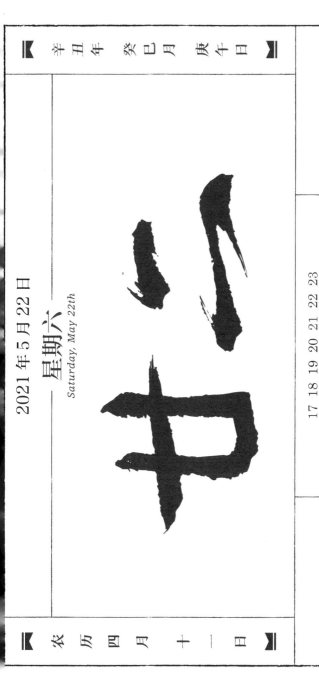

老生常谈（6）

lǎo shēng cháng tán

管辂回到家里，把此事告诉舅舅。舅舅一听就急了，认为甥儿得罪了大官，怕有祸事临门。管辂却满不在乎地说：『他们很快就要死了，有什么可怕呢？』

上海人民美術出版社

农历四月十二日

2021年5月23日

星期日

Sunday, May 23th

廿三

辛丑年 癸巳月 辛未日

17 18 19 20 21 22 23

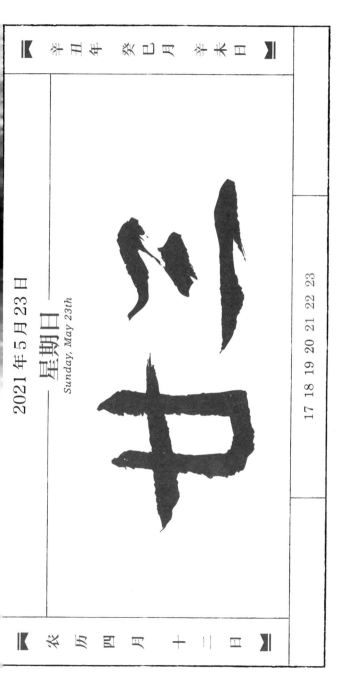

老生常谈（7）

lǎo shēng cháng tán

不几天，新岁来临，传来一个消息说何晏、邓飏因参与曹爽谋反，都被诛杀。这时，舅舅更加佩服管辂相术高明。管辂却说：『我早就讲过，「老生常谈」往往不被重视。凡是做了坏事的人，没有一个不败露的！』

上海人民美術出版社

2021 年 5 月 24 日

星期一 *Monday, May 24th*

廿四

辛丑年 癸巳月 壬申日

农历四月 十三日

乐不思蜀

出处:《三国志·蜀书·后主禅传》裴松之注引《汉晋春秋》:“司马文王(司马昭)与禅宴,为之作故蜀技,旁人皆为之感怆,而禅喜笑自若……他日,王问禅曰:‘颇思蜀否?’禅曰:‘此间乐,不思蜀。’”

释义: 比喻乐而忘返或乐而忘本。

24 25 26 27 28 29 30

乐不思蜀（1）

lè bù sī shǔ

三国末期，魏国大将邓艾奉命伐蜀，于公元263年攻下绵竹，大军直逼成都。魏军入城之日，刘后主刘禅反绑双手，载着棺材，领百官前来投降。邓艾亲解其缚，焚去棺木，与他相见，并拜他为骠骑将军。

绘画：徐恒瑜

上海人民美術出版社

2021 年 5 月 25 日

星期二 *Tuesday, May 25th*

廿五

农历四月 十四日

辛丑年 癸巳月 癸酉日

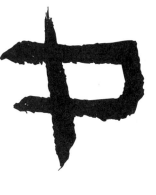

24 25 26 27 28 29 30

乐不思蜀（2）

lè bù sī shǔ

第二年，后主及其家属被带到魏都洛阳。魏国掌权的司马昭封刘禅为安乐公，赐给住宅一座，绸缎万匹，僮婢百人；刘禅之子及随来的降臣郤（音隙）正等，也都封爵。

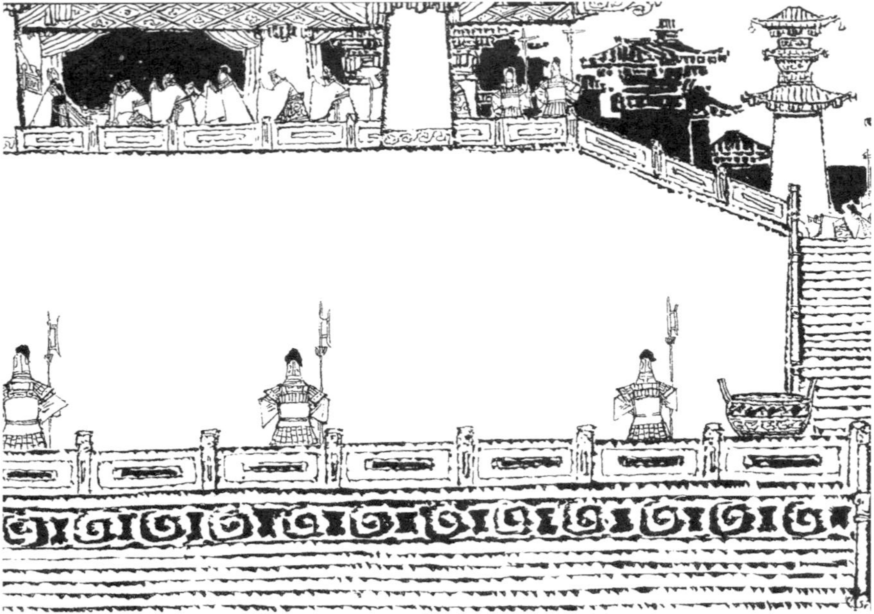

上海人民美術出版社

2021 年 5 月 26 日

星期三 *Wednesday, May 26th*

农历四月 十五日

辛丑年 癸巳月 甲戌日

24 25 26 27 28 29 30

乐不思蜀（3）

lè bù sī shǔ

次日，刘禅亲到司马昭府上拜谢。司马昭设宴款待，先用魏乐舞戏于前。随来的蜀官想到国亡家破，个个感伤，独独后主面有喜色。接着，司马昭又令蜀人奏蜀乐于前。蜀官尽皆掉泪，而后主嬉笑自若。

上海人民美術出版社

2021 年 5 月 27 日

星期四 *Thursday, May 27th*

农历四月 十六日

辛丑年 癸巳月 乙亥日

24 25 26 27 28 29 30

乐不思蜀（4）

lè bù sī shǔ

司马昭见后主如此，对亲信贾充说：『人之无情，乃至如此，虽使诸葛孔明在，亦不能辅之久全，何况姜维？』乃问后主：『颇思蜀否？』后主答道：『此间乐，不思蜀。』

上海人民美術出版社

2021年5月28日

星期五 *Friday, May 28th*

24 25 26 27 28 29 30

廿八

农历四月 十七日

辛丑年 癸巳月 丙子日

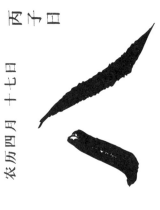

乐不思蜀（5）

lè bù sī shǔ

过了一会儿，后主起身更衣，郤正跟到檐下说：『陛下如何答称不思蜀？倘他再问，可泣称「先人坟墓远在蜀地，无日不思」。如此，晋公必放陛下归蜀。』后主牢记此言，回到座位。

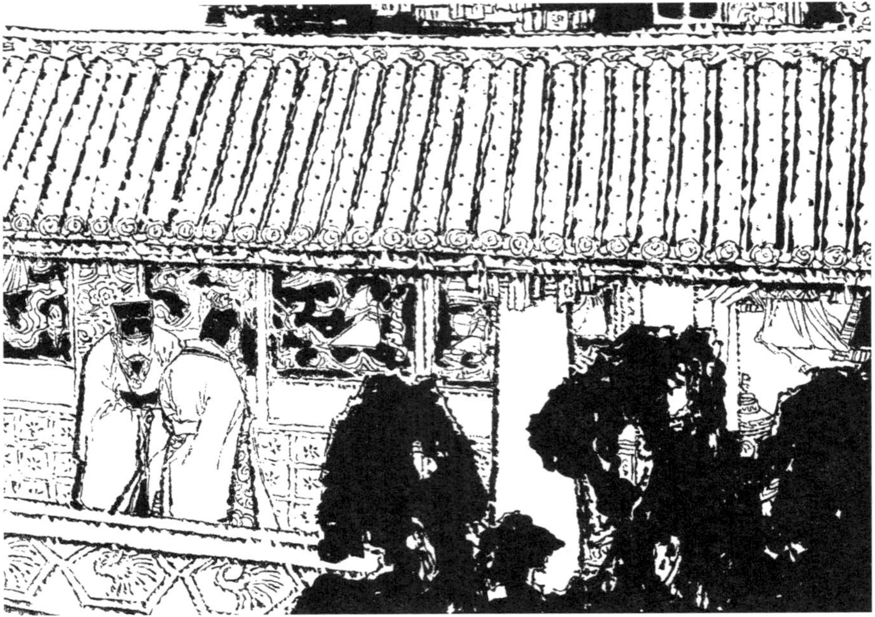

上海人民美術出版社

农历四月十八日

2021年5月29日

星期六

Saturday, May 29th

辛丑年 癸巳月 丁丑日

24 25 26 27 28 29 30

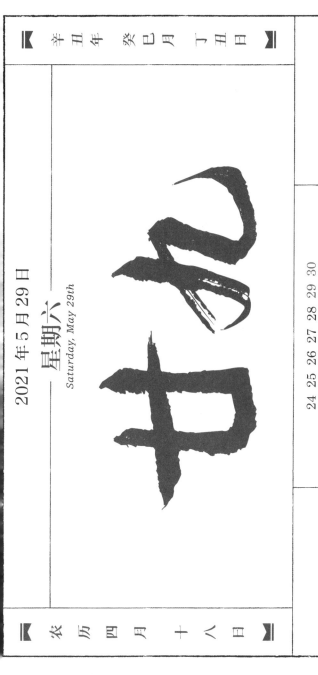

乐不思蜀（6）

lè bù sī shǔ

酒将微醉，司马昭又问后主：『颇思蜀否？』后主便照郤正的话回答。他想哭无泪，只能闭着眼睛，假装悲哀。

上海人民美術出版社

2021年5月30日

星期日

Sunday, May 30th

农历四月十九日

辛丑年 癸巳月 戊寅日

24 25 26 27 28 29 30

乐不思蜀（7）

lè bù sī shǔ

司马昭看出是假，突然问：『此语何似郤正所言？』后主惊道：『诚如尊命（含「给你猜对了」之意）！』对于刘禅，《三国演义》有诗叹道：『追欢作乐笑颜开，不念危亡半点哀。快乐异乡忘故国，方知后主是庸才。』

上海人民美術出版社

2021 年 5 月 31 日

星期一 *Monday, May 31th*

世界无烟日

卅一

辛丑年 癸巳月 己卯日

农历四月 二十日

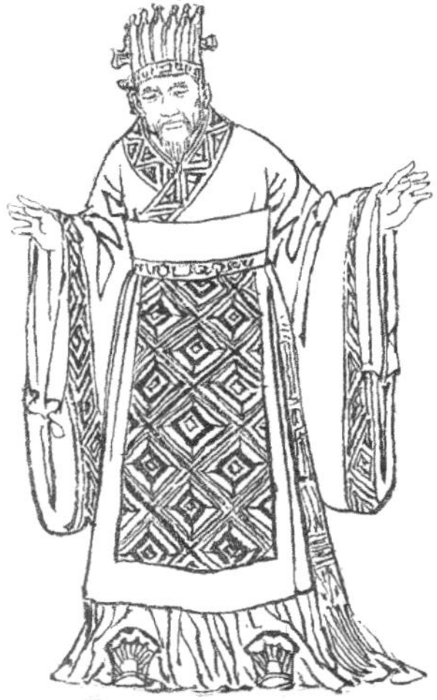

励精图治

出处：《汉书·魏相传》：“宣帝始亲万机，励精为治，练群臣，核名实。”

释义：意为振奋精神，力求把国家治理好。

31 01 02 03 04 05 06

励精图治（1）

lì jīng tú zhì

公元前74年，汉宣帝即位。大将军霍光凭着迎立之功，加封一万七千户。他的子侄、女婿、外孙均在朝中担任要职，一时朋党亲友充塞朝廷。霍光权势日重，政由己出。大臣上疏奏事，皆要事先禀告霍光，然后再奏

上海人民美術出版社

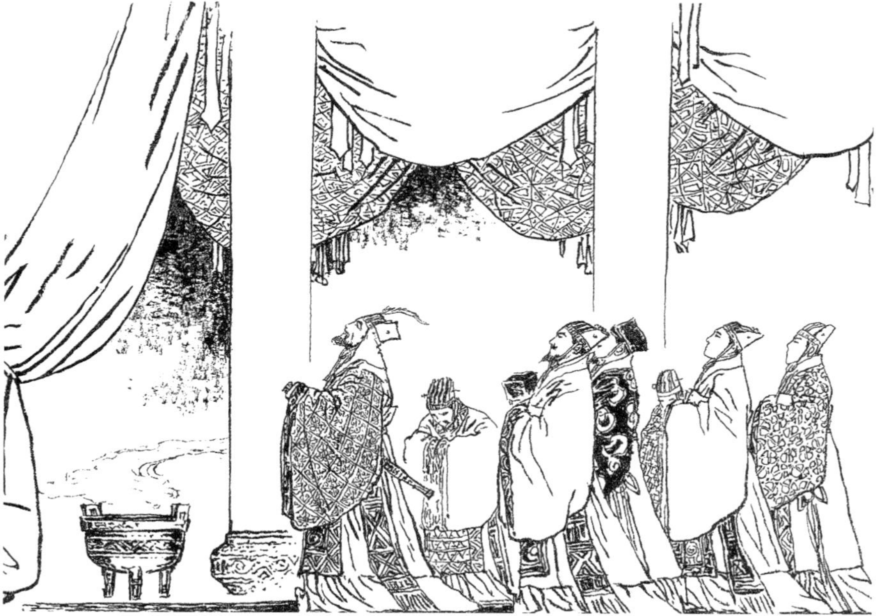

绘画：郑家声

农历四月廿一日

2021年6月1日

星期二

Tuesday, June 1th

儿童节

辛丑年 癸巳月 庚辰日

31 01 02 03 04 05 06

励精图治（2）

lì jīng tú zhì

每次朝见，汉宣帝看到霍光，就拘谨地收起笑容，显得十分谦恭。霍光的老婆霍显，为了使自己的小女儿成君纳入宫中，以巩固霍光权势，竟买通女医淳于衍毒死许皇后。霍光知道后不但不举发，还为淳于衍解脱。

上海人民美術出版社

2021 年 6 月 2 日

星期三 *Wednesday, June 2th*

31 01 02 03 04 05 06

二日

农历四月 廿二日

辛丑年 癸巳月 辛巳日

励精图治（3）

lì jīng tú zhì

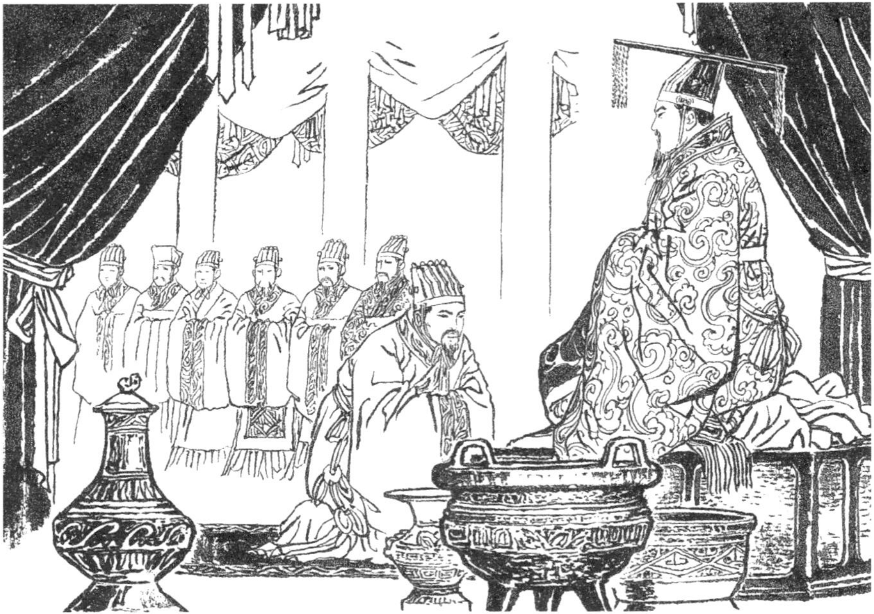

公元前68年、霍光死了。汉宣帝摆脱羁绊，开始亲自执政。他决心要改变霍光后期的弊政，励精图治，每五日亲听朝臣奏事一次。

上海人民美術出版社

2021 年 6 月 3 日

星期四 *Thursday, June 3th*

三日

农历四月 廿三日

辛丑年 癸巳月 壬午日

31 01 02 03 04 05 06

励精图治（4）

lì jīng tú zhì

他广开言路，并废除原来由尚书先行筛选奏疏再呈皇帝这一堵塞言路的规定。由于改革了上疏奏事的旧制，杀害许皇后的阴谋被揭发出来。霍氏三族被诛灭。

上海人民美術出版社

2021 年 6 月 4 日

星期五 *Friday, June 4th*

31 01 02 03 04 05 06

四日

农历四月 廿四日

辛丑年 癸巳月 癸未日

励精图治（5）

lì jīng tú zhì

汉宣帝关注民生，公元前66年，他下令降低盐价。食盐是百姓生活的必需品，当时由政府专卖，价格比较贵。降低盐价就减轻了百姓的负担。

上海人民美術出版社

2021年6月5日

星期六

Saturday, June 5th

农历四月廿五日

芒种

辛丑年 甲午月 甲申日

世界环境保护日

31 01 02 03 04 05 06

励精图治（6）

lì jīng tú zhì

对派往地方上去的官吏，汉宣帝都要亲自召见，先听其言，后察其行。他经常告诫臣下执法要持平，下令不准使用严刑酷法，不准擅自加重民众徭役；对生活淫逸骄奢、越权违法的官吏严予查究。

上海人民美術出版社

2021年6月6日

星期日

Sunday, June 6th

农历四月廿六日

辛丑年 甲午月 乙酉日

31 01 02 03 04 05 06

全国爱眼日

励精图治（7）

lì jīng tú zhì

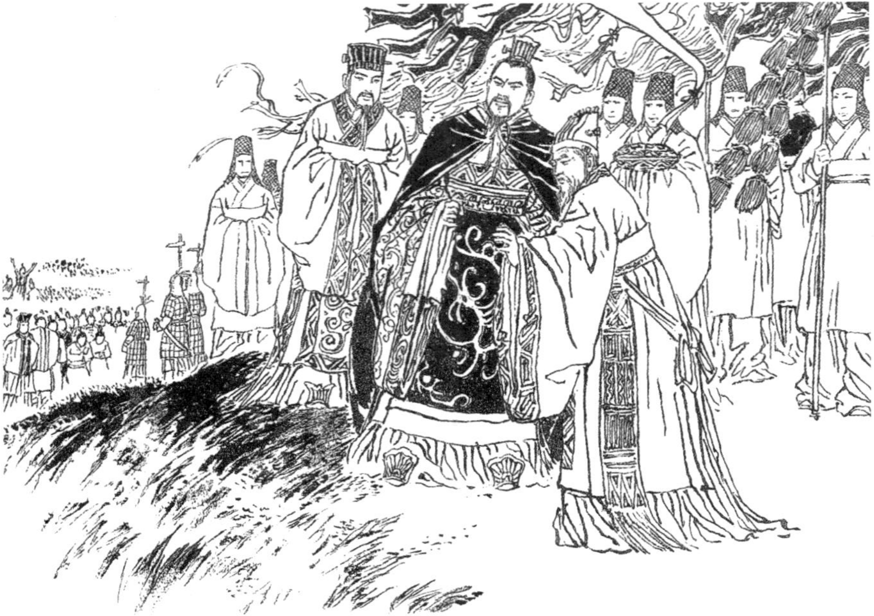

汉宣帝还提倡俭约，劝民农桑，老百姓有带刀剑者，使其卖剑买牛、卖刀买犊；地方官吏有成绩者，给予嘉勉晋爵；公卿有缺，也从地方官选拔。由于这些措施的实施，汉朝出现了国家富强、民安其业的中兴局面。

上海人民美術出版社

2021 年 6 月 7 日

星期一 *Monday, June 7th*

礼贤下士

出处:《新唐书·李勉传》:“其在朝廷，鲠亮廉介，为宗臣表。礼贤下士有终始，尝引李巡、张参在幕府，后二人卒，至宴饮，仍设虚位沃馈之。”

释义: 礼: 以敬对待; 士: 有能力和见识的人。“礼贤下士”，就是敬重贤人，有礼貌地对待地位低的人。旧时用来形容封建君主或贵官重视人才。

07 08 09 10 11 12 13

农历四月 廿七日

辛丑年 甲午月 丙戌日

礼贤下士（1）

lǐ xián xià shì

李勉，唐朝的宗室后代，当过开封尉、刺史、节度观察使，最后还做过两年宰相。他虽然权高位尊，但从不自高自大，待人非常诚恳有礼貌。

绘画：陆华

上海人民美術出版社

2021 年 6 月 8 日

星期二 *Tuesday, June 8th*

世界海洋日

07 08 09 10 11 12 13

八日

农历四月 廿八日

辛丑年 甲午月 丁亥日

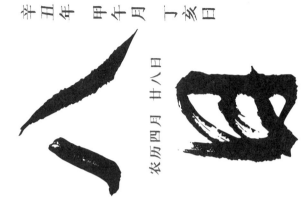

礼贤下士（2）

lǐ xián xià shì

李勉为官，不但廉洁方正，而且十分爱惜人才。在任山南西道（治所在今陕西汉中）观察使时，他发现原先当过密县县尉的王晬（音醉）勤恳能干，便提拔他代理南郑县（今陕西汉中）的县令。

上海人民美術出版社

2021 年 6 月 9 日

星期三 *Wednesday, June 9th*

九日

农历四月 廿九日

辛丑年 甲午月 戊子日

07 08 09 10 11 12 13

礼贤下士（3）

lǐ xián xià shì

可不久皇帝下诏要处死王晬，李勉问清情由，原来是遭权贵诬陷，便巧妙地说：『皇上决不会轻信谗言，错杀无辜！』他暂不拘捕王晬，并连夜上疏请求赦免王晬。唐肃宗接到奏章，明白了事情的真相，赦了王晬的死罪；但李勉却被指控执行圣旨不力，被召回京师贬官处置。

上海人民美術出版社

2021 年 6 月 10 日

星期四 *Thursday, June 10th*

07 08 09 10 11 12 13

十日

农历五月 初一日

辛丑年 甲午月 己丑日

礼贤下士（4）

lǐ xián xià shì

李勉进京向肃宗面陈王无罪，还说方今百废待举，要任用像王晬那样有能力的人。肃宗为嘉奖他秉持正义，授他以太常少卿之职，并擢用王晬为龙门县令。王晬上任后果真为官清正、办事得力，当时人们都称道李勉能识拔人才。

上海人民美術出版社

2021 年 6 月 11 日

星期五 *Friday, June 11th*

中国人口日

07 08 09 10 11 12 13

十一

农历五月 初二日

辛丑年 甲午月 庚寅日

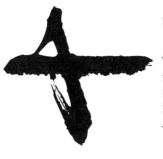

礼贤下士（5）

lǐ xián xià shì

李勉任节度使时，听说李巡、张参两人很有才学，便请他们进幕府任判官，佐理公务。这两位都是名士，李勉待他们始终十分有礼。不久两人先后去世，李勉十分怀念他们，宴请客人时总给他俩空着座位，摆上酒杯和筷子，就像他俩活着一样。

上海人民美術出版社

农历五月 初三日

2021 年 6 月 12 日

星期六

Saturday, June 12th

十二

辛丑年 甲午月 辛卯日

07 08 09 10 11 12 13

礼贤下士（6）

lǐ xián xià shì

李勉对兵士也爱护备至。每当派他们到边境屯戍时，总要亲自查看所带的资粮是否充足；春秋两季，还常去看望士卒家属。在他手下当兵的人，都愿意拼死出力。

上海人民美術出版社

2021 年 6 月 13 日

星期日

Sunday, June 13th

农历五月 初四日

辛丑年 甲午月 壬辰日

07 08 09 10 11 12 13

礼贤下士（7）

lǐ xián xià shì

李勉做了几十年高官，一生清廉，平时常把俸禄分送给亲友、下僚，自己不留什么积蓄。李勉的品格很受后世推崇，史书上称他『鲠亮廉介，为宗臣表。』礼贤下士有始终……』

上海人民美術出版社

农历五月初五日

2021年6月14日

星期一

Monday, June 14th

端午节

辛丑年 甲午月 癸巳日

14 15 16 17 18 19 20

买椟还珠（1）

mǎi dú huán zhū

上海人民美術出版社

楚国有个珠宝商人，带了一颗又大又圆的珍珠，到郑国去卖。

绘画：钱贵荪

2021 年 6 月 15 日

星期二 *Tuesday, June 15th*

农历五月 初六日

辛丑年 甲午月 甲午日

买椟还珠

出处：《韩非子·外储说左上》：“楚人有卖其珠于郑者，为木兰之柜，薰以桂椒，缀以珠玉，饰以玫瑰，辑以翡翠。郑人买其椟而还其珠。”

释义：椟：木柜、木匣；珠：珍珠。“买椟还珠”，比喻没有眼光，取舍不当。

14 15 16 17 18 19 20

买椟还珠（2）

mǎi dú huán zhū

为了能卖个好价钱，他特地做了一只非常漂亮的木匣，把珍珠装在里面。

上海人民美術出版社

2021 年 6 月 16 日

星期三 *Wednesday, June 16th*

14 15 16 17 18 19 20

十

农历五月 初七日

六

辛丑年 甲午月 乙未日

买椟还珠（3）

mǎi dú huán zhū

这只木匣吸引了很多顾客。

上海人民美術出版社

2021 年 6 月 17 日

星期四 *Thursday, June 17th*

防治荒漠化和干旱日

14 15 16 17 18 19 20

农历五月 初八日

辛丑年 甲午月 丙申日

买椟还珠（4）

mǎi dú huán zhū

有个郑国人仔仔细细盯着木匣看，很想买下它。

上海人民美術出版社

2021 年 6 月 18 日

星期五 *Friday, June 18th*

十八

农历五月 初九日

辛丑年 甲午月 丁酉日

14 15 16 17 18 19 20

买(mǎi)椟(dú)还(huán)珠(zhū)（5）

只见木匣熏了桂花和花椒的香味，镶嵌着珠玉，又用美石和翡翠做装饰，十分考究。

上海人民美術出版社

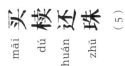

2021 年 6 月 19 日

星期六

Saturday, June 19th

农历五月初十日

十九

辛丑年 甲午月 戊戌日

14 15 16 17 18 19 20

买椟还珠（6）

mǎi dú huán zhū

郑国人问明了价钱，把漂亮的盒子买下，却把珍珠还给了卖主。这个故事，比喻抛开主要的、根本的东西，而去追求次要的、枝节的东西，舍本逐末，取舍失当。

上海人民美術出版社

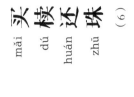

农历五月十一日

2021年6月20日

星期日

Sunday, June 20th

廿日

辛丑年 甲午月 己亥日

父亲节

14 15 16 17 18 19 20

上海人民美術出版社

2021年6月21日

星期一

Monday, June 21th

夏至

农历五月十二日

辛丑年 甲午月 庚子日

21 22 23 24 25 26 27

门庭若市（1）

mén tíng ruò shì

战国时，齐国有个长得很漂亮的男子，名叫邹忌。一天，他照着镜子端详，很想知道自己是不是可以同著名的美男子徐公相比。他问了妻子、小妾和朋友，他们都说他比徐公美。

上海人民美術出版社

2021 年 6 月 22 日

星期二 *Tuesday, June 22th*

中国儿童慈善活动日

廿二

农历五月 十三日

辛丑年 甲午月 辛丑日

门庭若市

出处：《战国策·齐策一》：“令初下，群臣进谏，门庭若市。”

释义：门庭，原指王宫的大门口和殿堂前，也可解释为大门和院子。“门庭若市”，大门前和院子里热闹得像集市一样。形容来的人很多。

21 22 23 24 25 26 27

门庭若市（2）

mén tíng ruò shì

邹忌听了妻妾朋友的赞颂，仍不自信。隔日正好徐公来访，邹忌便将他从头到脚地看了一遍，自以为不如徐公美。徐公走后，邹忌照着镜子看了又看，越看越觉得自己不如徐公美；非但不如，简直差得远了。

上海人民美術出版社

2021 年 6 月 23 日

星期三 *Wednesday, June 23th*

国际奥林匹克日

21 22 23 24 25 26 27

廿三

农历五月 十四日

辛丑年 甲午月 壬寅日

门庭若市 (3)

mén tíng ruò shì

夜里他睡不着，翻来覆去地想：为什么别人都说徐公不如自己美？终于给他悟出了其中的道理：妻说我美，是偏袒我；妾说我美，是敬畏我；朋友说我美，是有求于我呀！

上海人民美術出版社

2021 年 6 月 24 日

星期四 *Thursday, June 24th*

21 22 23 24 25 26 27

廿四

农历五月 十五日

辛丑年 甲午月 癸卯日

门庭若市（4）

mén tíng ruò shì

邹忌由此想到，一国之主更应该不被各种赞美之词所蒙蔽。于是他去朝见齐威王，以这件事为例，要齐威王多多听取批评意见。

上海人民美術出版社

2021年6月25日

星期五 *Friday, June 25th*

全国土地日

21 22 23 24 25 26 27

廿五

农历五月 十六日

辛丑年 甲午月 甲辰日

门庭若市（5）

mén tíng ruò shì

齐威王觉得邹忌的话很有道理，下令说：『今后无论官员百姓，凡能当面指斥我错误的，受上等赏赐；凡能书面批评我过失的，受中等赏赐；凡能议论我的不是而让我听到了的，受下等赏赐。』

上海人民美術出版社

农历五月十七日

2021 年 6 月 26 日

星期六

Saturday, June 26th

辛丑年 甲午月 乙巳日

国际禁毒日

21 22 23 24 25 26 27

门庭若市（6）

mén tíng ruò shì

齐威王的命令一发布，群臣纷纷进言上书，评论朝政，以致门庭若市（王宫大门口和殿堂前热闹得像街市一样）。随着朝政的改进，进谏的人越来越少。一年以后，即使想要进谏，也没有什么可说的了。

上海人民美術出版社

农历五月十八日

2021年6月27日

星期日

Sunday, June 27th

辛丑年 甲午月 丙午日

21 22 23 24 25 26 27

门庭若市 (mén tíng ruò shì)（7）

齐威王不断改正过失，励精图治，国势由此大振。燕、赵、韩、魏等国非常敬重齐国，都派使臣来朝见齐王。史家评论说：这是不用兵而取得的胜利。

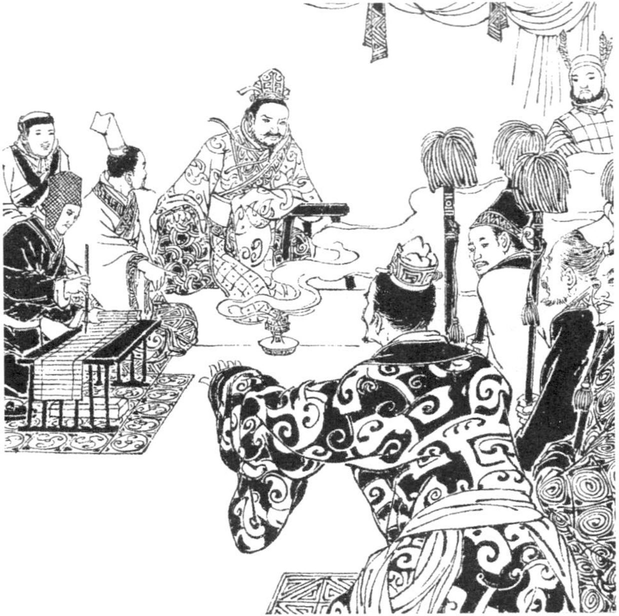

上海人民美術出版社

2021 年 6 月 28 日

星期一 *Monday, June 28th*

抛砖引玉

出处：宋·释道原《景德传灯录》卷十·赵州东院从谂禅师：“大众晚参，师云：‘今夜答话，有解问者出来。’时有一僧便出，礼拜。谂曰：‘比来抛砖引玉，却引得个墼子。’”

释义：抛出砖去，引回玉来。常被用为以自己粗浅的、不成熟的意见或文字，引出别人的高见或佳作的谦辞。墼（音击）子：砖坯。

28 29 30 01 02 03 04

廿八

农历五月 十九日

辛丑年 甲午月 丁未日

抛砖引玉（1）

pāo zhuān yǐn yù

据《谈证》一书记述：唐代文人赵嘏（音古）颇有诗名，就连大诗人杜牧也喜欢读他的诗，并特别赞赏他那『长笛一声人倚楼』的诗句，人们因此又叫赵嘏为『赵倚楼』。

上海人民美術出版社

2021 年 6 月 29 日

星期二 *Tuesday, June 29th*

28 29 30 01 02 03 04

廿九

农历五月 二十日

辛丑年 甲午月 戊申日

抛砖引玉（2）

pāo zhuān yǐn yù

当时，有个名叫常建的，也是位诗人，一向仰慕赵嘏的诗才。他听说赵嘏来到吴地，料想他定会去灵岩寺游览，便先赶到灵岩寺去。

上海人民美術出版社

2021 年 6 月 30 日

星期三 *Wednesday, June 30th*

28 29 30 01 02 03 04

农历五月 廿一日

辛丑年 甲午月 己酉日

抛砖引玉（3）

pāo zhuān yǐn yù

为了得到赵嘏的诗句，常建在寺前山墙上题诗两句，希望赵嘏看到后能补上两句，续成一首。

上海人民美術出版社

2021年7月1日

星期四 *Thursday, July 1th*

建党节 / 香港回归纪念日

28 29 30 01 02 03 04

农历五月 廿二日

辛丑年 甲午月 庚戌日

抛砖引玉（4）

pāo zhuān yǐn yù

果然，赵嘏来到灵岩寺游览，看到墙上只有两句诗，不由诗兴勃发，顺手在后面接续两句，补成完整的四句一绝。

上海人民美術出版社

2021 年 7 月 2 日

星期五 *Friday, July 2th*

28 29 30 01 02 03 04

二日

农历五月 廿三日

辛丑年 甲午月 辛亥日

抛砖引玉（5）

pāo zhuān yǐn yù

这就使常建达到了目的。常建的诗没有赵嘏写得好，而他又以较差的诗句引出了赵嘏的好诗句，当时有人就把常建的这种做法称之为『抛砖引玉』。

上海人民美術出版社

农历五月廿四日

2021年7月3日

星期六

Saturday, July 3th

辛丑年 甲午月 壬子日

28 29 30 01 02 03 04

抛砖引玉（6）

pāo zhuān yǐn yù

其实，这个故事只是一种传说，并不实有其事。因为，常建是唐玄宗开元十五年（公元 727 年）的进士，而赵嘏则是唐武宗会昌二年（公元 842 年）的进士，两人所处时代相距百年以上，根本没有写诗求续的可能。

上海人民美術出版社

2021年7月4日

星期日

Sunday, July 4th

农历五月廿五日

辛丑年 甲午月 癸丑日

28 29 30 01 02 03 04

抛砖引玉
pāo zhuān yǐn yù

（7）

后人程登吉编著《幼学求源》一书时，虽然也引述了以上的故事，但指出常建、赵嘏并非同时代人，续诗之说全属荒谬不可信；只是由于这段故事比较出名，后来通常被认为是成语『抛砖引玉』的出处之一。

上海人民美術出版社

2021 年 7 月 5 日

星期一 *Monday, July 5th*

五日

农历五月 廿六日

辛丑年 甲午月 甲寅日

黔驴技穷

出处： 唐·柳宗元《三戒·黔之驴》：“黔无驴，有好事者船载以入。至则无可用，放之山下。虎见之，庞然大物也，以为神……他日，驴一鸣，虎大骇，远遁，以为且噬己也，甚恐。然往来视之，觉无异能者。益习其声，又近出前后……驴不胜怒，蹄之。虎因喜，计之曰：‘技止此耳。’”

释义： 黔（音钳）：唐代指黔中道，辖境包括今湖南西部、重庆东南部及贵州大部分地区。后用作贵州的代称。穷：尽，完。“黔驴技穷”，比喻有限的一点本领已经用完，再也没有什么能耐了。

05 06 07 08 09 10 11

黔驴技穷（1）

qián lǘ jì qióng

古代黔中一带地方没有驴子。后来有个好事者用船运来一头毛驴。他不知怎么用法，便把它放牧在山下。

上海人民美術出版社

2021 年 7 月 6 日

星期二

Tuesday, July 6th

六日

农历五月 廿七日

辛丑年 甲午月 乙卯日

05 06 07 08 09 10 11

黔驴技穷（2）

qián lǘ jì qióng

当地的老虎从来没看到过驴子，突然看到这样一个庞然大物，以为是神兽，吓得只敢躲在树林子里悄悄地偷看。

上海人民美術出版社

2021年7月7日

星期三

Wednesday, July 7th

农历五月廿八日

小暑

辛丑年 乙未月 丙辰日

七七事变纪念日

05 06 07 08 09 10 11

黔驴技穷（3）

qián lǘ jì qióng

过了一会儿，老虎小心翼翼地走出树林，稍微走近驴前打量，但还是弄不明白这个庞然大物是个什么东西。

上海人民美術出版社

2021 年 7 月 8 日

星期四 *Thursday, July 8th*

05 06 07 08 09 10 11

八日

农历五月 廿九日

辛丑年 乙未月 丁巳日

黔驴技穷（4）

qián lǘ jì qióng

一天，驴子忽然长鸣一声，老虎以为驴子要吃它，吓得拼命逃向远处。

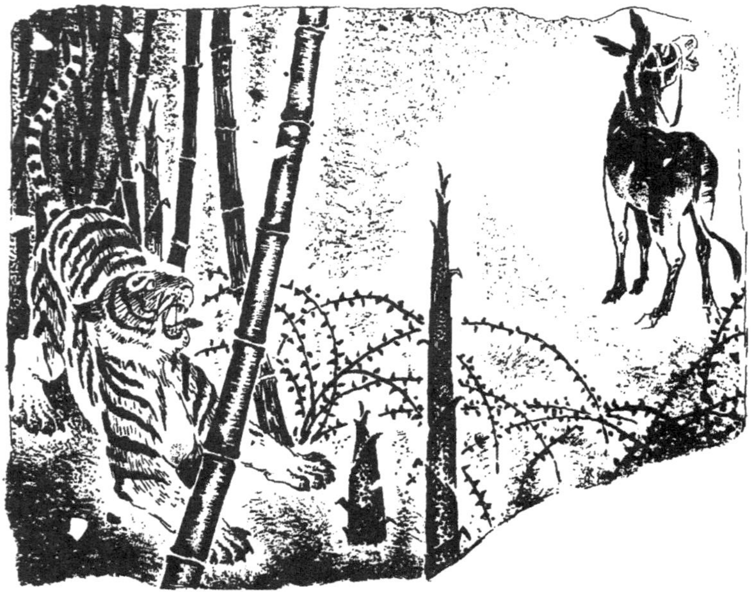

上海人民美術出版社

2021 年 7 月 9 日

星期五 *Friday, July 9th*

05 06 07 08 09 10 11

九日

农历五月 三十日

辛丑年 乙未月 戊午日

黔驴技穷（5）

qián lǘ jì qióng

经过几天观察，老虎觉得驴子没有什么了不起，加上听惯了它的叫声，也没有什么可怕的，就渐渐到驴子前后走走，但是始终不敢扑上去。

上海人民美術出版社

2021年7月10日

星期六

Saturday, July 10th

农历六月初一日

辛丑年 乙未月 己未日

十日

世界人口

05 06 07 08 09 10 11

黔驴技穷（6）

qián lǘ jì qióng

为了进一步试探驴子的本领，老虎故意装出冲撞的样子。驴子被激怒了，扬起后蹄猛踢老虎。这一踢露出了驴子的底，原来它的本领不过如此，再也没有什么能耐了。

上海人民美術出版社

农历六月初二日

2021 年 7 月 11 日

星期日

Sunday, July 11th

十一

辛丑年 乙未月 庚申日

05 06 07 08 09 10 11

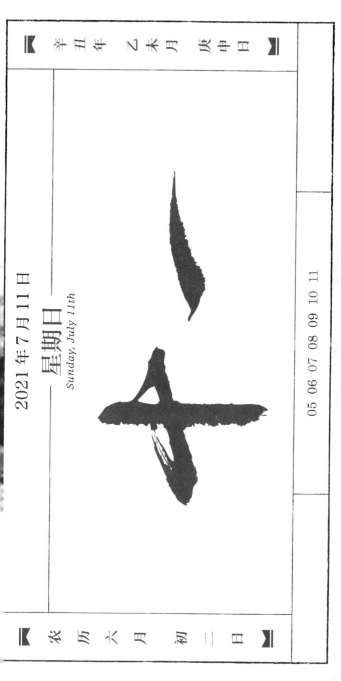

黔驴技穷（7）

qián lǘ jì qióng

老虎大喜，大吼一声，猛扑过去，一口咬断驴子的脖子，饱餐一顿，然后扬长而去。

上海人民美術出版社

2021 年 7 月 12 日

星期一 *Monday, July 12th*

十二

农历六月 初三日

辛丑年 乙未月 辛酉日

巧夺天工

出处：元・赵孟頫《赠放烟火者》：“人间巧艺夺天工。”

清・张英等辑《渊鉴类函・鳞介部三・蛇》引《采兰杂志》：“后异之，因效而为髻，巧夺天工。”

释义：人工的精巧胜过天然。形容技艺高妙。

12 13 14 15 16 17 18

巧夺天工（1）

qiǎo duó tiān gōng

东汉末年，上蔡（今河南上蔡西南）县令甄逸有个小女儿名叫甄宓，生得明眸皓齿，亭亭玉立，特别是一头乌黑的云发披垂下来长过膝盖，显得光彩照人，美丽无比，深得父母疼爱。

上海人民美術出版社

2021 年 7 月 13 日

星期二 *Tuesday, July 13th*

12 13 14 15 16 17 18

十三

农历六月 初四日

辛丑年 乙未月 壬戌日

巧夺天工（2）

qiǎo duó tiān gōng

出身四世三公、权倾天下的大官僚袁绍，当时担任冀州牧（州军政长官），其次子袁熙听说甄氏美丽无比，而且出身富家，当即请求父亲要迎娶她。

上海人民美術出版社

2021 年 7 月 14 日

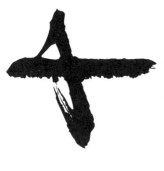

星期三 *Wednesday, July 14th*

十四

农历六月 初五日

辛丑年 乙未月 癸亥日

12 13 14 15 16 17 18

巧夺天工（3）

qiǎo duó tiān gōng

甄氏嫁到袁家以后，过了一段富贵美满的日子。可是好景不长，公元200年，袁绍在官渡之战中被曹操打败，几乎全军覆没，不久就气愤成病，呕血身亡。袁熙兄弟狼狈地逃往辽东，后来也被辽东侯公孙康杀死。

上海人民美術出版社

2021 年 7 月 15 日

星期四 *Thursday, July 15th*

天贶节

12 13 14 15 16 17 18

十五

农历六月 初六日

辛丑年 乙未月 甲子日

巧夺天工（4）

qiǎo duó tiān gōng

当时，曹操的儿子曹丕随军攻破邺城后，冲进袁府，见到了躲在婆婆身后的甄宓，不由得被其秀丽的容貌惊呆了。征得父亲同意后，曹丕将甄宓接到自己府里。于是甄宓成为曹丕的夫人。

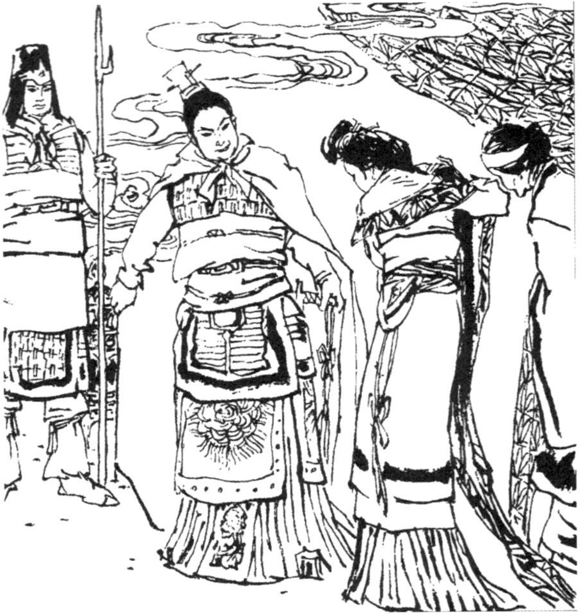

上海人民美術出版社

2021 年 7 月 16 日

星期五 *Friday, July 16th*

12 13 14 15 16 17 18

十六

农历六月 初七日

辛丑年 乙未月 乙丑日

巧夺天工 (5)

qiǎo duó tiān gōng

公元221年，曹丕篡夺了东汉政权，称魏文帝。甄氏被立为皇后，这时候她已经四十岁了，为了使文帝长久保持对自己的宠幸，她每天早晨都要坐在妆台前修饰容貌，悉心打扮。

上海人民美術出版社

2021年7月17日

星期六

Saturday, July 17th

农历六月 初八日

十七

辛丑年 乙未月 丙寅日

12 13 14 15 16 17 18

巧夺天工 (qiǎo duó tiān gōng)

(6)

相传在甄氏宫前的庭院中有一条绿蛇，长得又长又细，光洁的身体上缀满了美丽的花纹，嘴里经常含着一颗红珠，每天在甄氏梳妆的时候游到她面前，盘成一种奇巧的形状。起初，甄氏看到后并未注意。

上海人民美術出版社

农历六月 初九日

2021年7月18日

星期日

Sunday, July 18th

十八

辛丑年 乙未月 丁卯日

12 13 14 15 16 17 18

巧夺天工（7）

qiǎo duó tiān gōng

后来，甄氏发现绿蛇每天盘曲的形状都不相同，就模仿着它的样式去梳妆。由于精心修饰，那缕缕青丝盘成的云髻交错层叠，配上凤钗玉簪，真有巧夺天工之妙。文帝看了以后，感到她比以前更加年轻美丽了。

上海人民美術出版社

2021 年 7 月 19 日

星期一 *Monday, July 19th*

请君入瓮

出处：《太平广记》卷一二一引唐·张鷟《朝野佥载》：“（来俊臣）即索大翁，以火围之，起谓兴（周兴）曰：‘有内状勘老兄，请兄入此瓮。’”

释义：君：比较客气的第二人称；瓮：陶制盛器。“请君入瓮”，原指以酷吏逼供的办法来逼酷吏招供。后以“请君入瓮”比喻以其人之道，还治其人之身。

19 20 21 22 23 24 25

十九

农历六月 初十日

辛丑年 乙未月 戊辰日

请君入瓮（1）

qǐng jūn rù wèng

上海人民美術出版社

唐朝武则天为女皇帝时，任用来俊臣等一批酷吏，专办谋反案件。他们造了许多刑具和酷刑，犯人们见了就被吓得魂飞魄散，常常不打自招，也有不少是屈打成招。

绘画：杜滋龄

2021 年 7 月 20 日

星期二 *Tuesday, July 20th*

19 20 21 22 23 24 25

廿日

农历六月 十一日

辛丑年 乙未月 己巳日

请君入瓮（2）

qǐng jūn rù wèng

来俊臣等人搞刑讯逼供得到武则天的重赏，有些官吏见了眼红，也就竞相效法，出现了一大批如丘神勣、周兴等酷吏和告密者，以致许多大臣上朝时都与家人告别说：『不知道此一去还能不能再见面。』

上海人民美術出版社

2021年7月21日

星期三 *Wednesday, July 21th*

19 20 21 22 23 24 25

廿一

农历六月 十二日

辛丑年 乙未月 庚午日

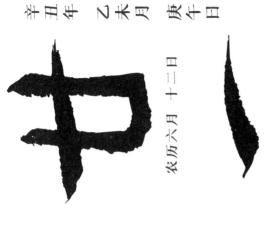

请君入瓮（3）

qǐng jūn rù wèng

天授二年（公元691年），武则天发现丘神勣企图谋反，下令将他处死。有人告密说周兴和丘神勣通谋，武则天就叫来俊臣去审问周兴。

上海人民美術出版社

2021年7月22日

星期四

Thursday, July 22th

大暑

农历六月十三日

辛丑年 乙未月 辛未日

19 20 21 22 23 24 25

请君入瓮 (4)

qǐng jūn rù wèng

来俊臣请周兴来吃酒，周兴不知是计，欣然赴席。酒吃到一半，来俊臣问周兴：『我这里有些犯人，用尽了刑，还不招认，不知周兄有什么办法？』周兴不假思索地回答：『那很容易！只消取一只大瓮，四面烧起炭火，叫犯人站立瓮中，还有什么不招认的？』

上海人民美術出版社

2021 年 7 月 23 日

星期五 *Friday, July 23th*

廿三

农历六月 十四日

辛丑年 乙未月 壬申日

19 20 21 22 23 24 25

请君入瓮（5）

qǐng jūn rù wèng

来俊臣听了，便吩咐手下抬来一只大瓮，四面烧起大火。此时周兴酒兴正浓，来俊臣却站起来对他说：『皇上有令，叫我审讯周兄谋反的事，请兄入瓮吧！』

上海人民美術出版社

农历六月十五日

2021 年 7 月 24 日

星期六

Saturday, July 24th

廿四

19 20 21 22 23 24 25

辛丑年 乙未月 癸酉日

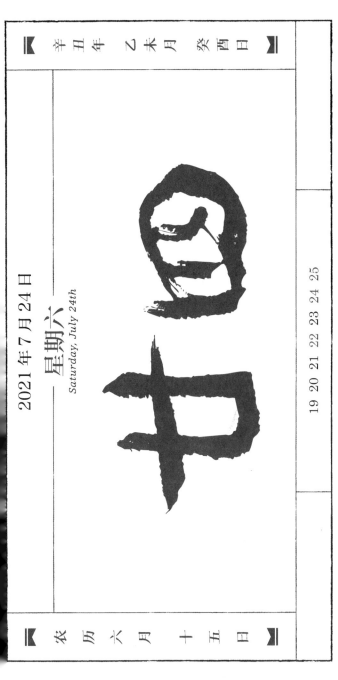

请君入瓮 (6)

qǐng jūn rù wèng

听了这话，周兴大吃一惊，扑通跪倒，磕头认罪。他曾多次用这办法逼人招供，太知道这种刑罚的痛苦了。

上海人民美術出版社

农历六月十六日

2021年7月25日

星期日

Sunday, July 25th

辛丑年 乙未月 甲戌日

19 20 21 22 23 24 25

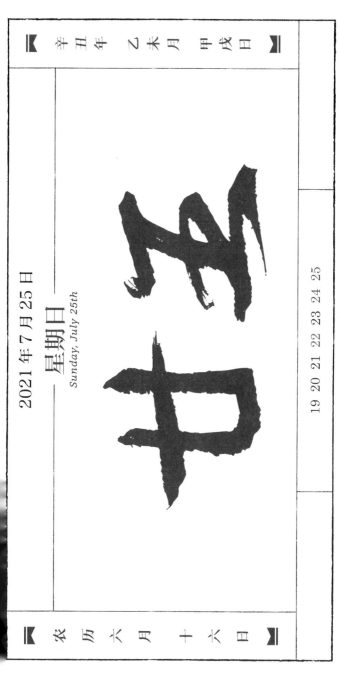

请君入瓮
qǐng jūn rù wèng

（7）

上海人民美術出版社

来俊臣害死人命无数，弄得天怒人怨，后来他竟搞到武则天亲族头上，终于被武则天处决。死后，仇家顷刻间把他踏成了肉泥。

2021 年 7 月 26 日

星期一 *Monday, July 26th*

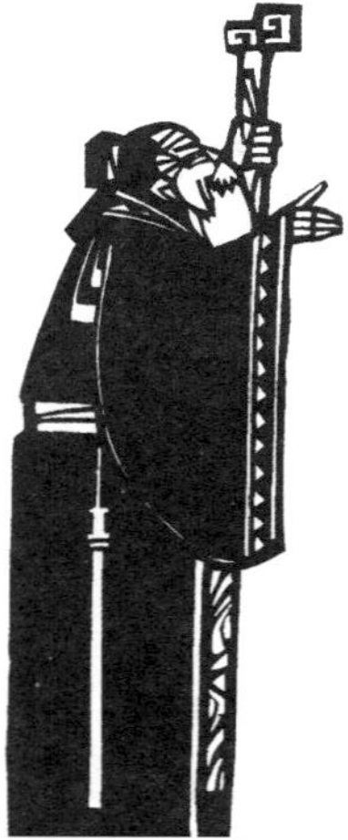

廿六

农历六月 十七日

辛丑年 乙未月 乙亥日

孺子可教

出处：《史记·留侯世家》：“父去里所，复还，曰：‘孺子可教矣。’”

释义：儒（音如）子：小孩子。有时老人也称青年为孺子。“孺子可教”，旧时用以赞扬年轻人有培养前途。

26 27 28 29 30 31 01

孺子可教（1）

rú zǐ kě jiào

张良，字子房，本是战国末年韩国的一位贵族公子，因谋刺秦始皇失败，逃到下邳（音披）避祸。

上海人民美術出版社

2021年7月27日

星期二 *Tuesday, July 27th*

农历六月 十八日

辛丑年 乙未月 丙子日

26 27 28 29 30 31 01

孺子可教（2）

rú zǐ kě jiào

有一天，张良在一座桥上遇到一位老人。那老人看见张良，右脚一拐，故意把鞋子甩到桥下，并命令道：『年轻人，帮我把鞋子捡上来。』

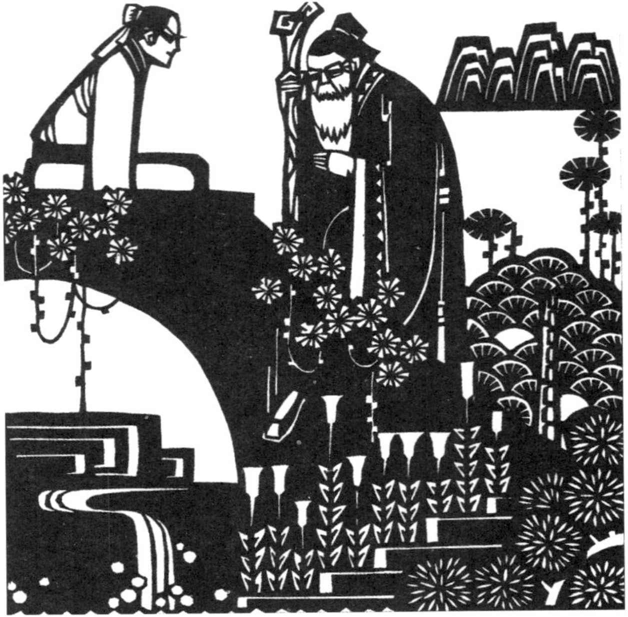

上海人民美術出版社

2021 年 7 月 28 日

星期三 *Wednesday, July 28th*

26 27 28 29 30 31 01

廿八

农历六月 十九日

辛丑年 乙未月 丁丑日

孺子可教（3）

rú zǐ kě jiào

张良见他年老，勉强忍住气恼，走下去把鞋子捡了上来。『年轻人，再给我穿上它！』张良把好事做到底，屈腿跪在地上给老人穿上了鞋子。老人很满意，回头说了句：『孺子可教也！』并约他五天后的早晨在这里再见。

上海人民美術出版社

2021 年 7 月 29 日

星期四 *Thursday, July 29th*

26 27 28 29 30 31 01

廿九

农历六月 二十日

辛丑年 乙未月 戊寅日

孺子可教（4）

rú zǐ kě jiào

一连好几次，天刚蒙蒙亮，张良就匆忙赶去赴约，可每次张良都比老人晚到。老人非常不悦。『年轻人与老人约会，怎么能迟到呢？你五天后再来吧！』

上海人民美術出版社

2021年7月30日

星期五 *Friday, July 30th*

卅日

农历六月 廿一日

辛丑年 乙未月 己卯日

26 27 28 29 30 31 01

孺子可教（5）

rú zǐ kě jiào

五天后见面，张良整个晚上都没合眼，没到半夜就来到了桥上，终于比老人早了些。老人非常高兴，郑重地送给张良一部书，并叮嘱他道：『你定要好好研读，将来定可以辅佐未来的天子建功立业。』

上海人民美術出版社

农历六月 廿二日

2021年7月31日

星期六

Saturday, July 31th

辛丑年 乙未月 庚辰日

26 27 28 29 30 31 01

孺子可教（6）

rú zǐ kě jiào

张良谢过老人，回家以后打开一看，原来是一部《太公兵法》，只见里面写的都是当年姜太公辅佐周武王灭商时用兵的方略，他不由喜出望外。从此，张良刻苦攻读，把其中所有的精辟见解都牢牢地记在心里。

上海人民美術出版社

2021年8月1日

星期日

Sunday, August 1th

农历六月廿三日

辛丑年 乙未月 辛巳日

建军节

26 27 28 29 30 31 01

孺子可教（7）

rú zǐ kě jiào

后来，张良辅佐汉高祖刘邦进军关中，推翻了秦的统治；接着又一再出奇制胜，帮助刘邦消灭了楚霸王项羽，成为汉朝著名的开国功臣、『汉初三杰』之一。

上海人民美術出版社

2021 年 8 月 2 日

星期一 *Monday, August 2th*

世外桃源

出处： 晋 · 陶渊明《桃花源记》：“晋太元中，武陵人捕鱼为业，缘溪行，忘路之远近。忽逢桃花林……林尽水源，便得一山……”

释义： 比喻与世隔绝、生活安乐的理想境界。后常指脱离现实生活与现实斗争的幻想境界。缘：沿、绕。

02 03 04 05 06 07 08

二日

农历六月 廿四日

辛丑年 乙未月 壬午日

世外桃源（1）

shì wài táo yuán

东晋太元年间，武陵有个渔夫。一天，渔夫驾着渔舟经过一条小溪，心想这小溪源头不知什么景象，便好奇地溯溪而上。不知行了多少路，忽然，一片桃花林映入眼帘，夹岸数百步，无一棵杂树，芳草鲜美，落花缤纷，风景极美。

绘画：黄大华

上海人民美術出版社

2021 年 8 月 3 日

星期二 *Tuesday, August 3th*

农历六月 廿五日

辛丑年 乙未月 癸未日

02 03 04 05 06 07 08

世外桃源（2）

shì wài táo yuán

渔夫很奇怪，再往前去。桃花林尽处是一座山；山脚有个小洞，仿佛透出一点亮光。渔夫将渔舟系好，钻进洞去看个究竟。刚进洞时路还很狭窄，勉强过得去。走了几十步，便豁然开朗，别有一番景象。

上海人民美術出版社

2021 年 8 月 4 日

星期三 *Wednesday, August 4th*

02 03 04 05 06 07 08

四日

农历六月 廿六日

辛丑年 乙未月 甲申日

世外桃源（3）

shì wài táo yuán

只见这里土地平旷，房屋整齐，有良田、美池、桑树、竹林等，小路纵横交错，鸡犬之声相闻；男耕女织，人们穿的衣服与外界也没什么两样，老人与儿童，都在愉快地游憩。

上海人民美術出版社

2021 年 8 月 5 日

星期四 *Thursday, August 5th*

农历六月 廿七日

辛丑年 乙未月 乙酉日

02 03 04 05 06 07 08

世外桃源（4）

shì wài táo yuán

他们见到渔夫，大吃一惊，问他从哪里来。渔夫照实说了经过，大家纷纷请他到家中做客，杀鸡摆酒，热情款待。

上海人民美術出版社

2021 年 8 月 6 日

星期五 *Friday, August 6th*

02 03 04 05 06 07 08

六日

农历六月 廿八日

辛丑年 乙未月 丙戌日

世外桃源（5）

shì wài táo yuán

村里的人也都前来打听外界的消息。原来他们是秦朝时逃难避乱来到这里的，从那时起，便再没有出去过，与外界隔绝了。人们听渔夫讲了外面从秦到晋六百年来的兴亡盛衰，都叹息不已。

上海人民美術出版社

2021年8月7日

星期六

Saturday, August 7th

农历六月廿九日

立秋

辛丑年 丙申月 丁亥日

02 03 04 05 06 07 08

世外桃源（6）

shì wài táo yuán

过了好些日子，渔夫要回家了。他沿着来路钻出山洞，一路行舟，在岸边做了不少标记，准备下次再来寻找这桃花源。

上海人民美術出版社

农历七月 初一日

2021 年 8 月 8 日

星期日

Sunday, August 8th

八日

辛丑年 丙申月 戊子日

02 03 04 05 06 07 08

世外桃源（7）

shì wài táo yuán

他到城里将在桃花源里的见闻报告给武陵太守。太守不大相信，派人跟渔夫前去查看。可是，这次再也寻不着桃花源，连渔夫做下的标志也找不到了。

上海人民美術出版社

2021 年 8 月 9 日

星期一 *Monday, August 9th*

九日

农历七月 初二日

辛丑年 丙申月 己丑日

守株待兔

出处：《韩非子·五蠹》："宋人有耕田者，田中有株。兔走触株，折颈而死，因释其耒而守株，冀复得兔。兔不可复得，而身为宋国笑。"

释义：株：露在地面上的树桩子。"守株待兔"，比喻死守狭隘经验或妄想不经过主观努力而侥幸得到成功。

09 10 11 12 13 14 15

守株待兔（1）

shǒu zhū dài tù

很久以前，宋国有个农夫正在耕田，忽然看见一只兔子飞奔过来。

上海人民美術出版社

绘画：颜梅华

2021 年 8 月 10 日

星期二 *Tuesday, August 10th*

09 10 11 12 13 14 15

十日

农历七月 初三日

辛丑年 丙申月 庚寅日

守株待兔（2）

shǒu zhū dài tù

那兔子居然一头撞在田边一棵树桩上，把颈儿折断，死了。

上海人民美術出版社

2021 年 8 月 11 日

星期三 *Wednesday, August 11th*

十一

农历七月 初四日

辛丑年 丙申月 辛卯日

09 10 11 12 13 14 15

守株待兔（3）

shǒu zhū dài tù

农夫把兔子拾起来，非常高兴。

上海人民美術出版社

2021年8月12日

星期四 *Thursday, August 12th*

09 10 11 12 13 14 15

十二

农历七月 初五日

辛丑年 丙申月 壬辰日

农夫回家美美地吃了一顿。

守株待兔（4）

shǒu zhū dài tù

上海人民美術出版社

2021 年 8 月 13 日

星期五 *Friday, August 13th*

09 10 11 12 13 14 15

十三

农历七月 初六日

辛丑年 丙申月 癸巳日

守(shǒu)株(zhū)待(dài)兔(tù)（5）

从这以后，他就放下锄头，天天坐在这棵树桩附近，希望再有第二只、第三只兔子来。

上海人民美術出版社

2021年8月14日

星期六

Saturday August 14th

农历七月初七日

七夕节

辛丑年 丙申月 甲午日

09 10 11 12 13 14 15

守株待兔（6）

shǒu zhū dài tù

田地荒了，野草长了，可连兔影儿也没见着。后人就用『守株待兔』这则故事讥讽死守狭隘经验或妄想不经过主观努力而侥幸得到成功的人。

上海人民美術出版社

农历七月初八日

2021年8月15日

星期日

Sunday, August 15th

十五

辛丑年 丙申月 乙未日

09 10 11 12 13 14 15

上海人民美術出版社

2021 年 8 月 16 日

星期一 *Monday, August 16th*

十六

辛丑年 丙申月 丙申日

农历七月 初九日

水滴石穿

出处：宋·罗大经《鹤林玉露·一钱斩史》：“……乖崖授笔判曰：‘一日一钱，千日千钱，绳锯木断，水滴石穿。’”

释义：水不住地滴下来，能把石头滴穿。比喻只要坚持不懈，即使力量很小，也能做出看来很难办到的事情。

16 17 18 19 20 21 22

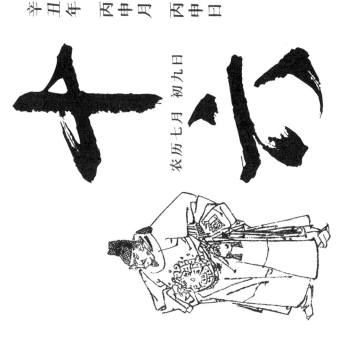

水滴石穿（1）

shuǐ dī shí chuān

宋代文人罗大经，著有《鹤林玉露》一书，其中有篇『一钱斩吏』的故事：有个叫张乖崖的人，在崇阳担任县令。当时社会上还有自五代以来军卒凌辱将帅、胥吏侵犯长官的风气，他寻找时机，准备惩罚这种行为。

上海人民美術出版社

2021 年 8 月 17 日

星期二 *Tuesday, August 17th*

16 17 18 19 20 21 22

农历七月 初十日

辛丑年 丙申月 丁酉日

水滴石穿（2）

shuǐ dī shí chuān

一天，他巡行在衙门周围，看见一个小吏慌慌张张地从府库中出来。

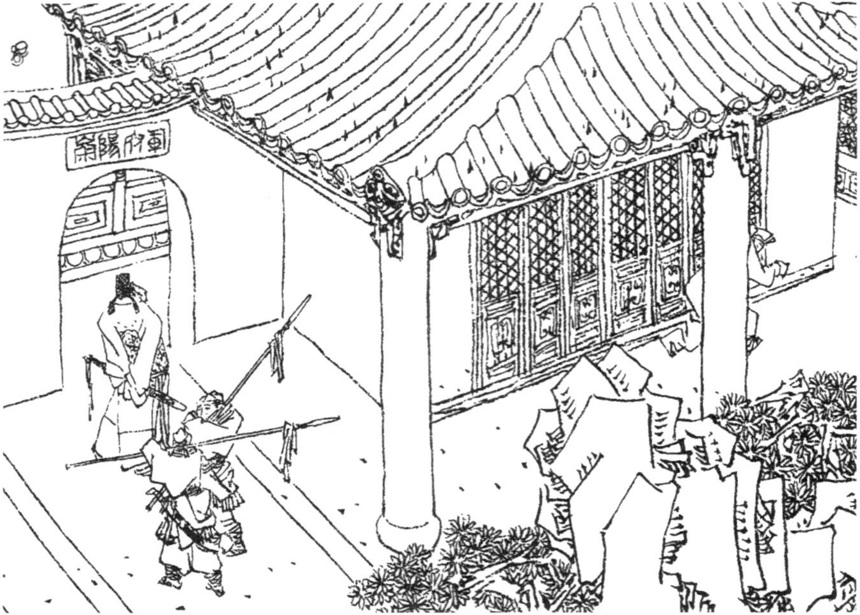

上海人民美術出版社

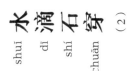

2021 年 8 月 18 日

星期三 *Wednesday, August 18th*

16 17 18 19 20 21 22

十八

农历七月 十一日

辛丑年 丙申月 戊戌日

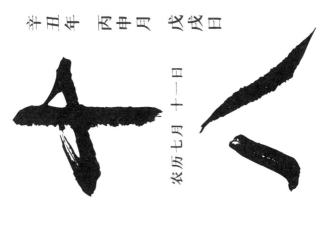

水滴石穿（3）

shuǐ dī shí chuān

张乖崖叫住了小吏，见他鬼鬼祟祟，不由起疑。经过盘查，他发现在小吏鬓旁头巾下藏着一钱。便查问道：『此钱何来？』小吏支吾了半晌，搪塞不过，承认是从府库中偷来的。

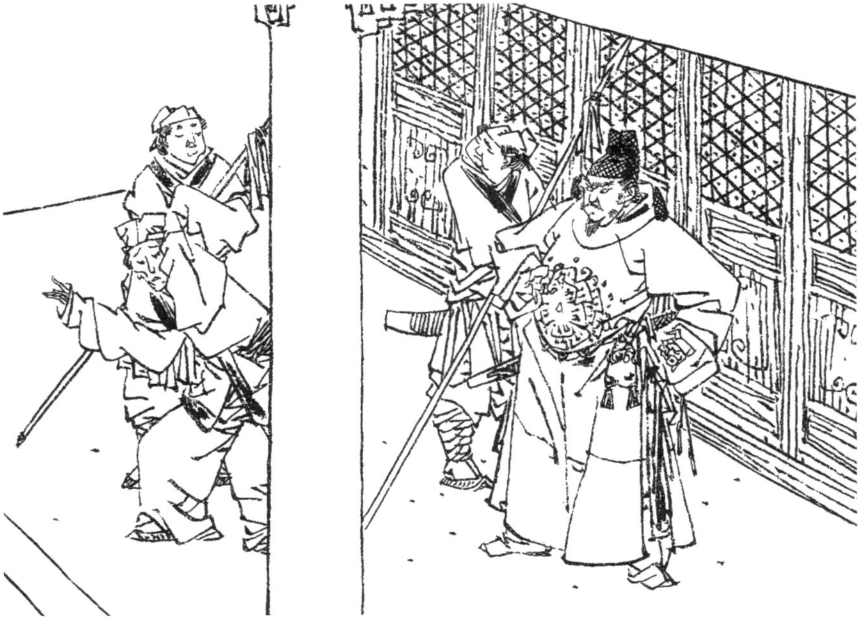

上海人民美術出版社

2021 年 8 月 19 日

星期四 *Thursday, August 19th*

国际医师节

16 17 18 19 20 21 22

十九

农历七月 十二日

辛丑年 丙申月 己亥日

水滴石穿（4）

shuǐ dī shí chuān

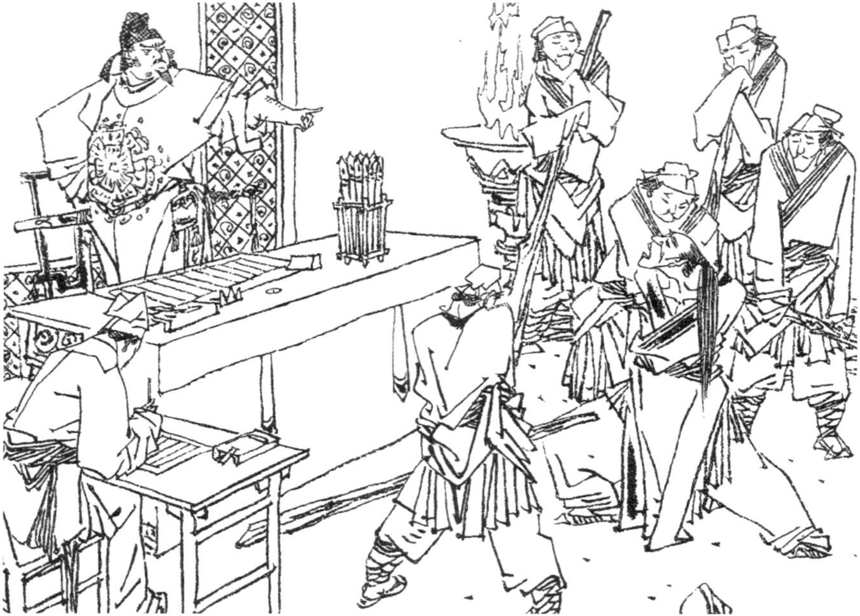

张乖崖命人将小吏押回大堂，下令严审。小吏怒冲冲地对张乖崖说：『一个钱有什么了不起，你还能杀了我不成？』

上海人民美術出版社

2021 年 8 月 20 日

星期五 *Friday, August 20th*

16 17 18 19 20 21 22

廿日

农历七月 十三日

辛丑年 丙申月 庚子日

水滴石穿（5）

shuǐ dī shí chuān

见小吏如此嚣张，张乖崖毫不犹豫地拿起朱笔判道：『一日一钱，千日千钱，时间长了，绳子能锯断木头，水能滴穿石头。』

上海人民美術出版社

农历七月十四日

2021 年 8 月 21 日

星期六

Saturday, August 21th

廿一

辛丑年 丙申月 辛丑日

16 17 18 19 20 21 22

水滴石穿 (6)

shuǐ dī shí chuān

判决完，张乖崖将笔一掷，提着剑走下台阶，亲自斩了小吏。现在，人们往往用『水滴石穿』，比喻只要坚持不懈，即使很难的事情也定能办成。

上海人民美術出版社

农历七月十五日

2021年8月22日

星期日

Sunday, August 22th

廿二

辛丑年 丙申月 壬寅日

中元节	16 17 18 19 20 21 22	

上海人民美術出版社

2021年8月23日

星期一

Monday, August 23th

农历七月十六日

处暑

辛丑年 丙申月 癸卯日

23 24 25 26 27 28 29

螳臂当车（1）

táng bì dāng chē

春秋末期，鲁国名士颜阖到卫国游历。卫灵公热情接待，并欲聘请颜阖做他儿子蒯聩（音溃）的老师。

绘画：张品操

上海人民美術出版社

2021 年 8 月 24 日

星期二 *Tuesday, August 24th*

蝗臂当车

出处：《庄子·人世间》：“汝不知夫螳螂乎？怒其臂以当车辙，不知其不胜任也。”

释义：螳臂：螳螂的前腿；当：阻挡。“螳臂当车”，螳螂举起前腿企图阻挡车子前进。比喻不自量力，必然失败。

23 24 25 26 27 28 29

廿四

农历七月 十七日

辛丑年 丙申月 甲辰日

螳臂当车（2）

táng bì dāng chē

颜阖早已听说蒯聩十分凶暴，动辄杀人。他犹豫不决：『如我放任他自行其是而不加引导，他将来必定乱邦害国；如我约束不让他胡作非为，他现在就会危及我的生命。这可如何是好？』颜阖最后决定去拜访卫国有名的大夫蘧（音渠）伯玉。

上海人民美術出版社

2021 年 8 月 25 日

星期三 *Wednesday, August 25th*

23 24 25 26 27 28 29

廿五

农历七月 十八日

辛丑年 丙申月 乙巳日

螳臂当车（3）

táng bì dāng chē

蘧伯玉叹道：『做世子蒯聩的老师，就应该处处谨慎，不能轻易去触犯他，否则就会惹出杀身之祸。这就好比一个人爱自己的马，看到有虫子咬马便急于去拍打，结果马受了惊吓，狂奔乱跳，反而把人给踢死了。』

上海人民美術出版社

2021 年 8 月 26 日

星期四 *Thursday, August 26th*

23 24 25 26 27 28 29

廿六

农历七月 十九日

辛丑年 丙申月 丙午日

螳臂当车（4）

táng bì dāng chē

说到这儿，蘧伯玉又对颜阖讲了一件有趣的事：有一天，他驾车外出，忽然发现路上有一只螳螂，怒气冲冲地张开两臂，企图阻止车轮向前……

上海人民美術出版社

2021 年 8 月 27 日

星期五 *Friday, August 27th*

23 24 25 26 27 28 29

农历七月 二十日

辛丑年 丙申月 丁未日

螳臂当车（5）

táng bì dāng chē

然而，螳臂怎能挡住前进的车轮呢？车子照样行进，可怜的螳螂却被碾得粉碎。

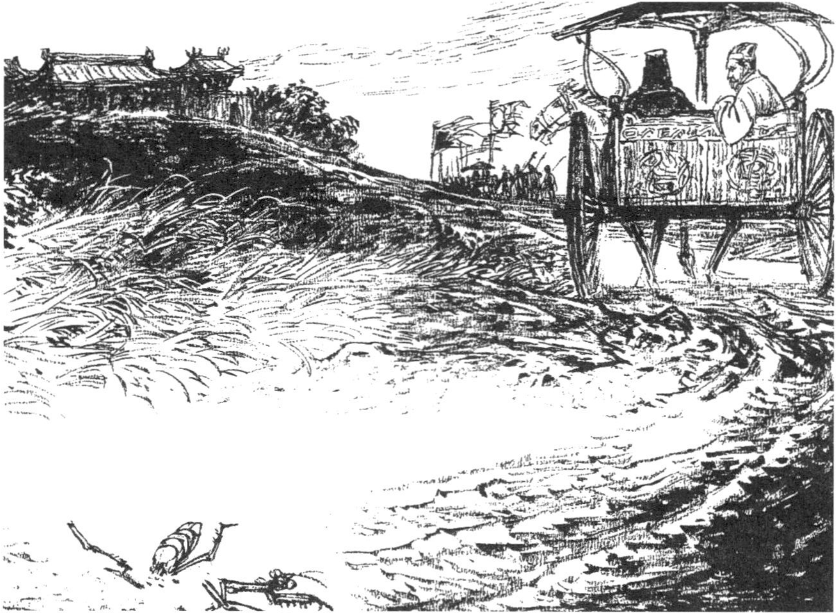

上海人民美術出版社

农历七月廿一日

2021年8月28日

星期六

Saturday, August 28th

廿八

辛丑年 丙申月 戊申日

23 24 25 26 27 28 29

螳臂当车（6）

táng bì dāng chē

蘧伯玉说：『螳螂之死就在于不自量力。今天你也和那只螳螂一样，自以为有很大的才能和力量，可以改变蒯聩的残暴习性。依我看，恐怕也是不自量力，难免要粉身碎骨的！』

上海人民美術出版社

2021年8月29日

星期日

Sunday, August 29th

农历七月 廿二日

辛丑年 丙申月 己酉日

23 24 25 26 27 28 29

螳臂当车（7）

táng bì dāng chē

颜阖听后，觉得很有道理，忙移席谢教。他决定不去触犯蒯聩，争取早日离开卫国。后来，蒯聩果然闹出事来，被人杀死。

上海人民美術出版社

2021 年 8 月 30 日

星期一 *Monday, August 30th*

蝗螂捕蝉 黄雀在后

出处：汉 · 刘向《说苑 · 正谏》："园中有树，其上有蝉，蝉高居悲鸣饮露，不知螳螂在其后也；螳螂委身曲附欲取蝉，而不知黄雀在其傍也。"

释义：比喻目光短浅，只见眼前利益而不顾后患。

30 31 01 02 03 04 05

卅日

农历七月 廿三日

辛丑年 丙申月 庚戌日

螳螂捕蝉 黄雀在后（1）

táng láng bǔ chán huáng què zài hòu

春秋末年，吴、越交战，吴国打败了越国。越王勾践忍辱负重，志在复国。他巧施美人计，使吴王夫差沉迷于美女西施的同时，还厚赂吴国太宰伯嚭，让他诬陷相国伍子胥。伍子胥最终被含冤赐死。伯嚭位进相国，独揽大权。

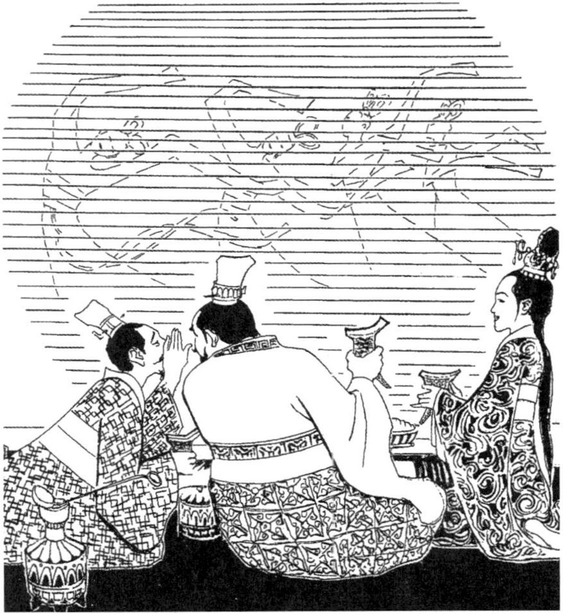

上海人民美術出版社

2021 年 8 月 31 日

星期二 *Tuesday, August 31th*

农历七月 廿四日

辛丑年 丙申月 辛亥日

30 31 01 02 03 04 05

螳螂捕蝉 黄雀在后（2）

táng láng bǔ chán huáng què zài hòu

夫差日益骄恣，对越国放松防范。越王勾践却卧薪尝胆，励精图治，决心灭吴雪耻。吴国耿直老臣，对国事忧心忡忡。太子友想效法子胥，劝谏夫差。一天早晨，他怀揣弹弓，穿着湿淋淋的衣服来见夫差。夫差问他为何这般狼狈。太子友便对夫差讲了一件颇有意思的事情。

上海人民美術出版社

2021 年 9 月 1 日

星期三 *Wednesday, September 1th*

辛丑年 丙申月 壬子日

农历七月 廿五日

30 31 01 02 03 04 05

螳螂捕蝉 黄雀在后（3）

táng láng bǔ chán huáng què zài hòu

他说，刚才他到后花园游玩，听到秋蝉在高高的树枝上叫得正欢，抬头一看，却发现有一只螳螂在悄悄地向鸣蝉靠拢，想捕而食之；就在螳螂扭腰耸腿向前捕蝉的当儿，忽然又飞来一只黄雀，徘徊于绿荫之中，准备啄食螳螂，螳螂却一点也不知道。

上海人民美術出版社

2021 年 9 月 2 日

星期四 *Thursday, September 2th*

30 31 01 02 03 04 05

农历七月 廿六日

辛丑年 丙申月 癸丑日

螳螂捕蝉 黄雀在后（4）

táng láng bǔ chán huáng què zài hòu

他见状，立刻拈弓取丸，对准黄雀弹射。不料正巧身旁有个空坎，里面满是积水。他只顾弹射黄雀，忘了顾及身旁的空坎，腰一扭，身子往旁边一侧，便失足堕入坎中。

上海人民美術出版社

2021 年 9 月 3 日

星期五 *Friday, September 3th*

30 31 01 02 03 04 05

三日

农历七月 廿七日

辛丑年 丙申月 甲寅日

螳螂捕蝉 黄雀在后（5）

táng láng bǔ chán huáng què zài hòu

吴王夫差听了太子友故事的经过后，哈哈大笑说：『你这个人就是只贪前利，不顾后患，真是愚蠢得可以！』

上海人民美術出版社

农历七月廿八日

2021 年 9 月 4 日

星期六

Saturday, September 4th

辛丑年 丙申月 乙卯日

30 31 01 02 03 04 05

螳螂捕蝉 黄雀在后（6）

táng láng bǔ chán huáng què zài hòu

大子友不慌不忙地回答说：『其实，天下类似这样的事太多了。齐国无故伐鲁，以为可以占有鲁地而沾沾自喜，不料我吴国随后击之，大败齐师。现在吴国只顾庆幸得胜，哪里料到越国正想趁机来灭吴国呢！』

上海人民美術出版社

2021 年 9 月 5 日

星期日

Sunday, September 5th

农历七月 廿九日

辛丑年 丙申月 丙辰日

30 31 01 02 03 04 05

螳螂捕蝉 黄雀在后（7）

táng láng bǔ chán huáng què zài hòu

夫差不待太子友说完就怒气冲冲说：『你不过是拾了伍子胥的唾余，我早已听厌了！』太子友十分惶恐，只好告退。夫差不听规劝，一意孤行。公元前473年，吴国终于为越国所灭，夫差也自杀身亡。

上海人民美術出版社

2021 年 9 月 6 日

星期一 *Monday, September 6th*

六日

农历七月 三十日

辛丑年 丙申月 丁巳日

望梅止渴

出处：南朝·宋·刘义庆《世说新语·假谲》：“魏武行役失汲道，军皆渴，乃令曰：‘前有大梅林，饶子，甘酸可以解渴。’士卒闻之，口皆出水，乘此得及前源。”

释义：比喻从空想中得到安慰。

06 07 08 09 10 11 12

望梅止渴（1）

wàng méi zhǐ kě

曹操是东汉著名的政治家和军事家，他不但在政治上多有才干，而且足智多谋，善于用兵。他的军队纪律严明，作战勇敢，加上他指挥有方，因此经常取得胜利。

绘画：王重圭

上海人民美術出版社

农历八月初一日

2021年9月7日

星期二

Tuesday, September 7th

白露

辛丑年 丁酉月 戊午日

06 07 08 09 10 11 12

望梅止渴（2）

wàng méi zhǐ kě

一次，曹操率领部队准备绕到敌后去。当时正值酷夏，烈日当空，万里无云。战士们佩刀扛枪，行进在被太阳晒得干裂的泥路上。许多人的脚步开始放慢，有几个身体较弱的士兵，由于流汗过多中了暑，跌倒在路上。

上海人民美術出版社

2021 年 9 月 8 日

星期三 *Wednesday, September 8th*

国际扫盲日 / 国际新闻工作者日

06 07 08 09 10 11 12

八日

辛丑年 丁酉月 己未日

农历八月 初二日

望梅止渴（3）

wàng méi zhǐ kě

曹操见士兵们口渴难耐，非常焦急，派人把向导找来，悄声问附近有没有水泉。向导摇摇头说：『没有，水泉在北边的谷道里。』如果转道去喝水，难免贻误战机，曹操抬头望着远处的山丘。

上海人民美術出版社

2021 年 9 月 9 日

星期四 *Thursday, September 9th*

06 07 08 09 10 11 12

九日

农历八月 初三日

辛丑年 丁酉月 庚申日

望梅止渴（4）

wàng méi zhǐ kě

『有了！』曹操突然心生一计，策马奔到队伍前面，挺一挺身，指着前方大声说道：『将士们！转过前面的山丘，有一处大梅林，那里梅子很多，又甜又酸。大家振作精神，加快步伐，赶到那里吃梅子去！』

上海人民美術出版社

农历八月初四日

2021年9月10日

星期五

Friday, September 10th

教师节

辛丑年 丁酉月 辛酉日

06 07 08 09 10 11 12

望（wàng）梅（méi）止（zhǐ）渴（kě）（5）

将士们一听说有梅子，顿时觉得齿间生津，嘴里涌上了口水。他们见曹操猛抽一鞭，策马奔去，立即精神倍增，抬动两脚紧紧跟上。同时，曹操派向导带着几名精干的士卒到附近去找水。

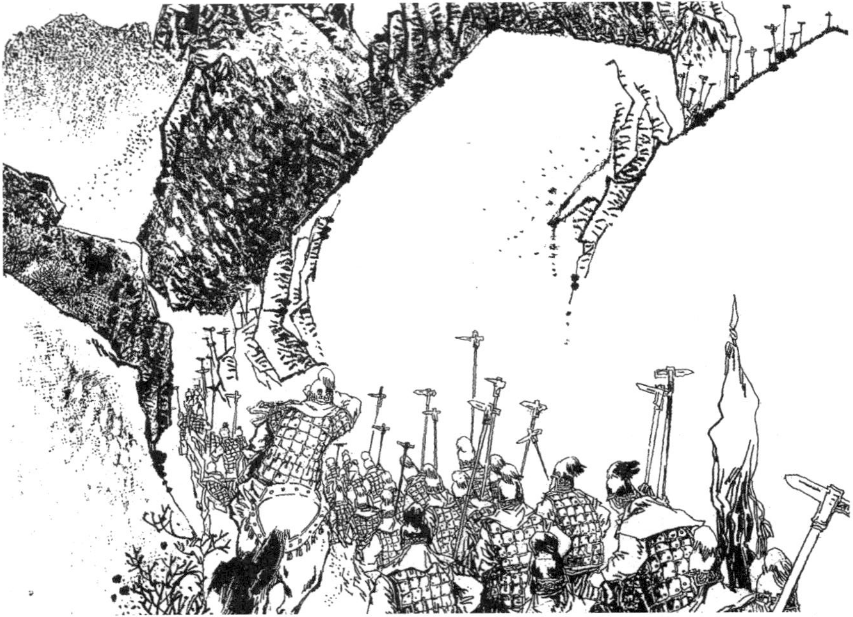

上海人民美術出版社

农历八月 初五日

2021 年 9 月 11 日

星期六

Saturday, September 11th

辛丑年 丁酉月 壬戌日

06 07 08 09 10 11 12

望(wàng)梅(méi)止(zhǐ)渴(kě)（6）

转过山丘，虽然没见到梅林，但听到了阵阵欢呼声：『有水了！有水了！』疲惫的将士们群情振奋，欢呼雀跃起来。曹操心里好像落下了一块石头，马上命令各部派人取水。

上海人民美術出版社

农历八月 初六日

2021年9月12日

星期日

Sunday, September 12th

十二

辛丑年 丁酉月 癸亥日

06 07 08 09 10 11 12

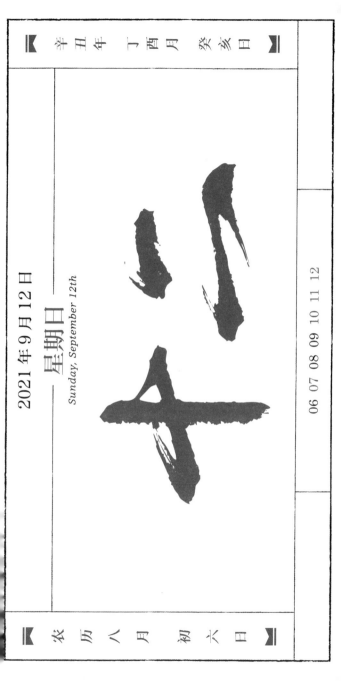

望梅止渴 wàng méi zhǐ kě

（7）

水取来了，将士们痛快地喝着，同时拿出干粮来吃了个饱。曹操等大家稍事休息后，又立即带着队伍出发了。

上海人民美術出版社

2021 年 9 月 13 日

星期一 *Monday, September 13th*

十三

农历八月 初七日

辛丑年 丁酉月 甲子日

卧薪尝胆

出处：《史记·越王句践世家》："越王句践反国，乃苦身焦思，置胆于坐，坐卧即仰卧，饮食亦尝胆也。"

释义：卧薪：睡在柴草上；尝胆：尝尝胆的苦味。"卧薪尝胆"，形容刻苦自励，发愤图强。句（音勾）：通"勾"。句践，后通作"勾践"。

13 14 15 16 17 18 19

卧（wò）薪（xīn）尝（cháng）胆（dǎn）（1）

春秋末年，吴越两国争霸，吴军得胜，顺势攻破越都，俘虏了越王勾践。吴王夫差为了实现霸业，显示自己的宽宏大量，他决定不杀勾践，只派他在宫里养马。

绘画：戴敦邦

上海人民美術出版社

2021年9月14日

星期二 *Tuesday, September 14th*

世界清洁地球日

13 14 15 16 17 18 19

十四

农历八月 初八日

辛丑年 丁酉月 乙丑日

卧薪尝胆（2）

wò xīn cháng dǎn

有一次，夫差生了一场大病，勾践殷勤服侍。夫差见他如此『忠诚』，准备日后放他回国。

上海人民美術出版社

2021年9月15日

星期三 *Wednesday, September 15th*

十五

农历八月 初九日

辛丑年 丁酉月 丙寅日

13 14 15 16 17 18 19

卧薪尝胆（3）

wò xīn cháng dǎn

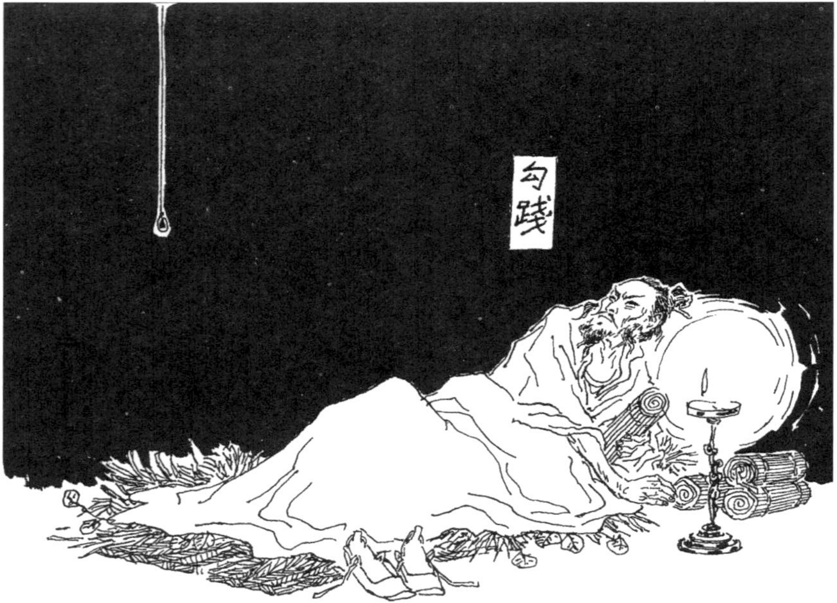

转眼三年过去了，勾践被释放回国。他一心要报仇雪耻。为了磨练自己的意志，勾践每晚都睡在柴草堆上，他还在屋里吊着一只苦胆，起床、睡觉都能看到它。吃饭之前，总要去尝一尝胆的苦味，问问自己：『你忘记了会稽战败的耻辱了吗？』

上海人民美術出版社

2021年9月16日

星期四 *Thursday, September 16th*

国际臭氧层保护日

13 14 15 16 17 18 19

十六

农历八月 初十日

辛丑年 丁酉月 丁卯日

卧 wò 薪 xīn 尝 cháng 胆 dǎn（4）

在大臣范蠡、文种等人的辅佐下，勾践励精图治。他采取种种措施发展生产，让百姓安居乐业；并且亲自扶犁种田，又叫他的夫人纺织，与民同甘共苦。越国国力日渐强盛，静待机会复仇。

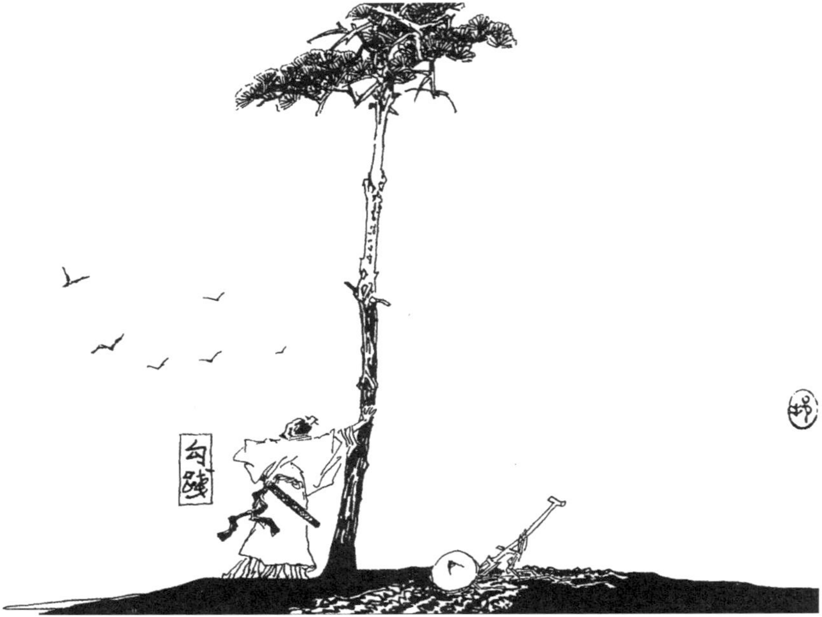

上海人民美術出版社

2021 年 9 月 17 日

星期五 *Friday, September 17th*

农历八月 十一日

辛丑年 丁酉月 戊辰日

13 14 15 16 17 18 19

卧薪尝胆（5）

wò xīn cháng dǎn

后来，一心想当霸主的吴王夫差出兵攻打齐国，弄得国内怨声载道。勾践认为时机已到，亲率大军，分水陆两路攻进吴国都城姑苏。

上海人民美術出版社

农历八月十二日

2021年9月18日

星期六

Saturday, September 18th

十八

辛丑年 丁酉月 己巳日

九一八事变纪念日

13 14 15 16 17 18 19

卧薪尝胆（6）

wò xīn cháng dǎn

夫差无力击退越国军队，只好派人向勾践求和。勾践估计自己兵力暂时还不足以彻底征服吴国，也就答应议和，班师回国了。

上海人民美術出版社

2021年9月19日

星期日

Sunday, September 19th

农历八月十三日

十九

辛丑年 丁酉月 庚午日

13 14 15 16 17 18 19

卧薪尝胆（7）

wò xīn cháng dǎn

又过了四年，勾践再次出兵攻打吴国，以雷霆万钧之势歼灭了吴国军队。勾践灭掉吴国，乘胜北进中原，大会各国诸侯于徐州，成为春秋末期的一个霸主。后来人们就用『卧薪尝胆』形容一个人刻苦自励、发愤图强。

上海人民美術出版社

2021 年 9 月 20 日

星期一 *Monday, September 20th*

国际爱牙日

信口雌黄

出处：《文选·刘峻〈广绝交论〉》李善注引晋·孙盛《晋阳秋》：“王衍字夷甫，能言，于意有不安者，辄更易之，时号‘口中雌黄’。”

释义：信口：随口；雌黄：矿物名，可作颜料，古时用以抄书、校书时涂改文字。“信口雌黄”，指言论不妥随口乱讲。原作“口中雌黄”。

20 21 22 23 24 25 26

廿日

农历八月 十四日

辛丑年 丁酉月 辛未日

信口雌黄（1）

xìn kǒu cí huáng

魏晋时期，清谈之风大盛。当时，西晋大臣王衍，就是一个出名的清谈家。这王衍少年时便伶牙俐齿，极有口才。他在文学名家山涛府上做客，以清秀的仪态、文雅的谈吐，赢得四座的赞赏。

绘画：朱玉成

上海人民美術出版社

2021 年 9 月 21 日

星期二

Tuesday, September 21th

农历八月十五日

中秋节

辛丑年 丁酉月 壬申日

20 21 22 23 24 25 26

信口雌黄（2）

xìn kǒu cí huáng

山涛官居吏部尚书，善于识别人品。他觉得王衍虽然聪明伶俐，却华而不实。宴罢送客，山涛望着远去的王衍叹道：『日后耽误天下的，未必不是此人啊！』

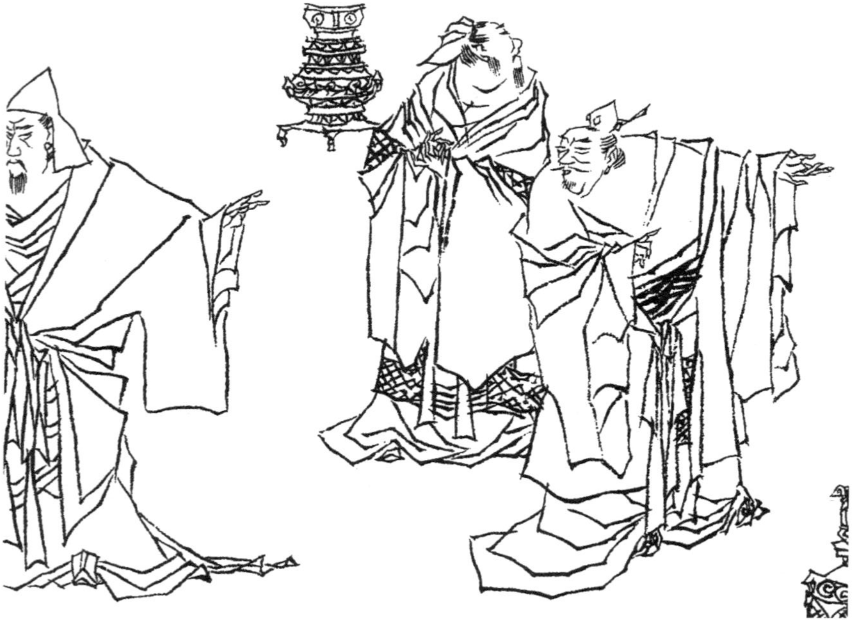

上海人民美術出版社

2021 年 9 月 22 日

星期三 *Wednesday, September 22th*

廿二

农历八月 十六日

辛丑年 丁酉月 癸酉日

20 21 22 23 24 25 26

信口雌黄（3）

xìn kǒu cí huáng

王衍成年后口才出众，尤以谈论老庄哲学见长。每逢义理讲得不恰当时，他就不假思索，随口更改，人们因此称他是『口中雌黄』。因为古时写字用黄纸，写错了就用雌黄这种黄色颜料来涂改。

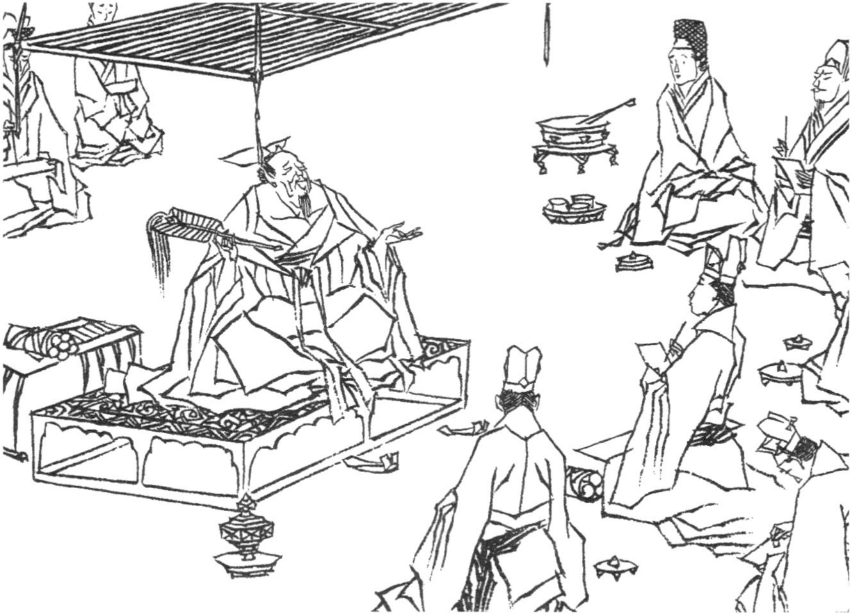

上海人民美術出版社

2021年9月23日

星期四

Thursday, September 23th

农历八月十七日

秋分

辛丑年 丁酉月 甲戌日

20 21 22 23 24 25 26

信口雌黄 (4)

xìn kǒu cí huáng

说话信口雌黄的王衍，做事也惯于随意改变态度。他先是把女儿嫁给愍怀太子为妃，后来太子遭贾后陷害致死，他怕受牵累，赶快上表请求离婚。

上海人民美術出版社

2021 年 9 月 24 日

星期五 *Friday, September 24th*

20 21 22 23 24 25 26

农历八月 十八日

辛丑年 丁酉月 乙亥日

信口雌黄（5）

xìn kǒu cí huáng

西晋皇族的争权斗争愈演愈烈，酿成历史上著名的『八王之乱』，前后十六年。在此期间，王衍被一度得势的成都王司马颖和东海王司马越看中，先后拜为尚书令、司空、司徒，俨然成了辅政重臣。

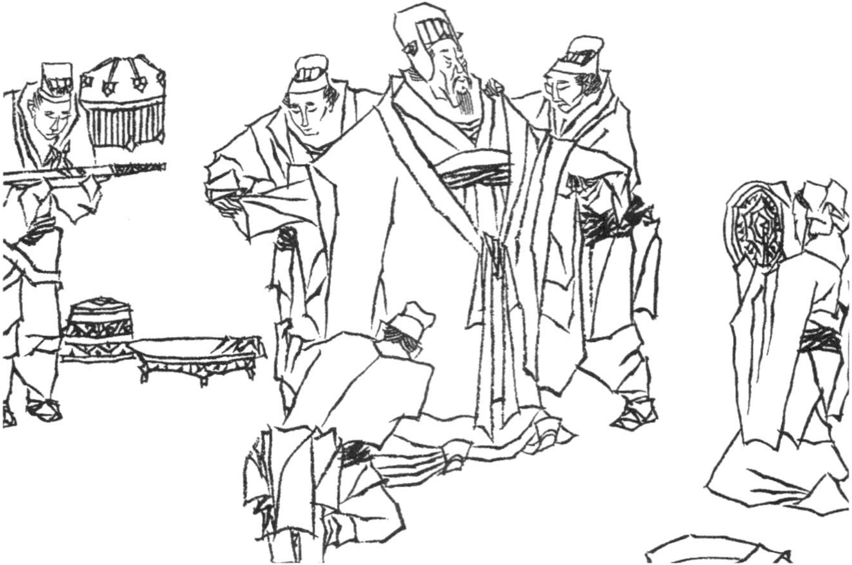

上海人民美術出版社

2021年9月25日

星期六

Saturday, September 25th

农历八月十九日

廿五

辛丑年 丁酉月 丙子日

20 21 22 23 24 25 26

信口雌黄（6）

xìn kǒu cí huáng

『八王之乱』激起各地民众起义，周边各族也趁机举兵。公元311年，匈奴贵族刘聪派遣部将石勒，歼灭王衍统率的十余万晋军于宁平，王衍本人也做了俘虏。

上海人民美術出版社

农历八月二十日

2021 年 9 月 26 日

星期日

Sunday, September 26th

辛丑年 丁酉月 丁丑日

20 21 22 23 24 25 26

信口雌黄（7）

xìn kǒu cí huáng

石勒要王衍谈谈西晋王朝败亡的原因。王衍称自己一向不干预朝政，罪不在己。石勒狞笑道：『你少壮登朝，直至白头，位高任重，岂能说不干预朝政，罪不在己？破坏天下的，正是你们这班人啊！』

上海人民美術出版社

2021 年 9 月 27 日

星期一 *Monday, September 27th*

世界旅游日

廿七

农历八月 廿一日

辛丑年 丁酉月 戊寅日

悬梁刺股

出处：《战国策·秦策一》：“（苏秦）读书欲睡，引锥自刺其股。”《太平御览》卷三百六十三引《汉书》（按：班固《汉书》不载）：“孙敬字文宝，好学，晨夕不休，及至眠睡疲寝，以绳系头，悬屋梁。”

释义：梁：屋梁；股：大腿。“悬梁刺股”，就是把头发系在屋梁上，用锥子刺大腿。形容勤学苦读。

27 28 29 30 01 02 03

悬梁刺股（上）

xuán liáng cì gǔ

（1）

『刺股』故事的主人公是战国时代洛阳人苏秦。少时，苏秦在齐国游学，跟随鬼谷子学习『纵横之术』。学成下山后，苏秦先到秦国游说，多次劝说秦惠文王实行『连横』之策，争取六国亲秦，然后各个击破，一一兼并。然而惠文王并无采纳之意。

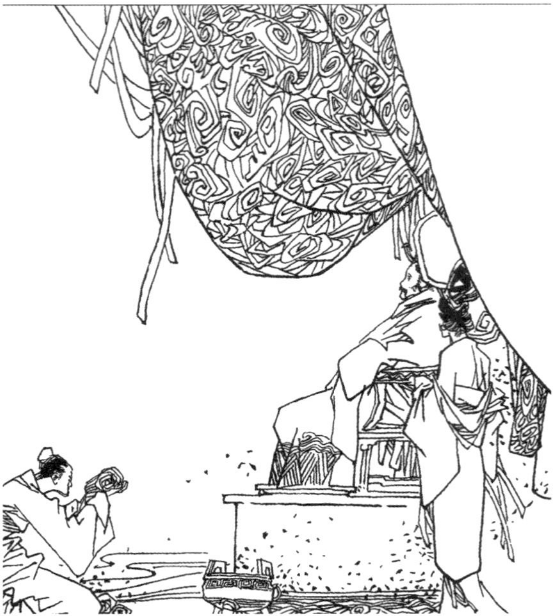

上海人民美術出版社

2021 年 9 月 28 日

星期二 *Tuesday, September 28th*

孔子诞辰

27 28 29 30 01 02 03

廿八

农历八月 廿二日

辛丑年 丁酉月 己卯日

悬梁刺股（上）

xuán liáng cì gǔ

（2）

此时，苏秦待在秦国馆驿已有一年之久，连续上书达十次之多，还是全无下文。他盘缠耗尽，衣衫破烂，眼看日子越来越不好过，只得做回家的打算。

上海人民美術出版社

2021 年 9 月 29 日

星期三 *Wednesday, September 29th*

27 28 29 30 01 02 03

廿九

农历八月 廿三日

辛丑年 丁酉月 庚辰日

悬梁刺股（上）

xuán liáng cì gǔ

（3）

回到洛阳老家，家里人都讥笑他说：『我们周国人，一向惯于做工经商，将本求利；你却偏偏不务正业，想凭口舌来取富贵，怎能不穷困潦倒呢？』苏秦自觉惭愧，一言不答，但暗暗咬牙发誓，有朝一日非要取得富贵，争这口气不可。

上海人民美術出版社

2021 年 9 月 30 日

星期四 *Thursday, September 30th*

27 28 29 30 01 02 03

卅日

农历八月 廿四日

辛丑年 丁酉月 辛巳日

悬梁刺股（上）

xuán liáng cì gǔ

（4）

当夜，他就打开书箧，挑出自己最心爱的《太公阴符》兵书，埋头诵习。苏秦为了深入探究太公兵法，日夜不息。有时实在太累了，他就用锥子刺自己的大腿，驱除睡意。

上海人民美術出版社

2021年10月1日

星期五

Friday October 1th

农历八月廿五日

国庆节

辛丑年 丁酉月 壬午日

国际老人节

27 28 29 30 01 02 03

悬梁刺股（上）

xuán liáng cì gǔ

（5）

一年多里，除了苦读兵书，他还仔细研究各国的地形、政治情况、军事实力等，真正做到对天下大势了如指掌。

农历八月廿六日

2021年10月2日

星期六

Saturday, October 2th

辛丑年 丁酉月 癸未日

27 28 29 30 01 02 03

悬梁刺股（上）

xuán liáng cì gǔ

（6）

苏秦第二次出门，改为周游燕、赵、齐、楚、韩、魏各国，劝说六国联合抗秦，采取『合纵』的方针。六国国君都采纳了他的建议，共同订立了合纵盟约。

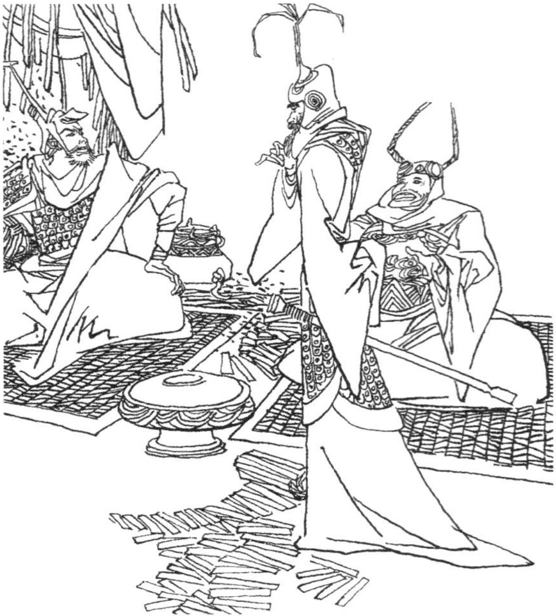

上海人民美術出版社

农历八月廿七日

2021 年 10 月 3 日

星期日

Sunday, October 3th

辛丑年 丁酉月 甲申日

27 28 29 30 01 02 03

悬梁刺股（上）

xuán liáng cì gǔ

（7）

公元前333年，六国国君在洹（音环）水会盟，公推苏秦主持盟约，合封苏秦为『纵约长』，兼佩六国相印。苏秦终于成为战国时代纵横学派的代表人物。他当年刺股苦读，日后有所成就，乃是必然的结果。

上海人民美術出版社

2021 年 10 月 4 日

星期一 *Monday, October 4th*

世界动物日

04 05 06 07 08 09 10

四日

农历八月 廿八日

辛丑年 丁酉月 乙酉日

悬梁刺股（下）

xuán liáng cì gǔ

（1）

上海人民美術出版社

『悬梁』故事的主人公是西汉信都（今河北冀县）人孙敬。孙敬从小好学不倦，只因家境清贫，没有条件上学，于是在家自习直至成年。

2021 年 10 月 5 日

星期二 *Tuesday, October 5th*

04 05 06 07 08 09 10

农历八月 廿九日

辛丑年 丁酉月 丙戌日

悬梁刺股（下）

xuán liáng cì gǔ

（2）

为了省钱，他用砍作柴禾的柳木做简，以代替书籍。他用这种柳木写经本，在家闭门诵读，夜以继日，足不出户。

上海人民美術出版社

2021年10月6日

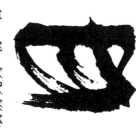

星期三 *Wednesday, October 6th*

04 05 06 07 08 09 10

六日

农历九月 初一日

辛丑年 丁酉月 丁亥日

悬梁刺股（下）

xuán liáng cì gǔ

（3）

左邻右舍，时时听到他的琅琅读书声，却难得见他一面。他们给他起个名儿，叫『闭户先生』；对他的勤苦好学，人人钦佩不已。

上海人民美術出版社

2021 年 10 月 7 日

星期四 *Thursday, October 7th*

农历九月 初二日

辛丑年 丁酉月 戊子日

04 05 06 07 08 09 10

悬梁刺股（下）

xuán liáng cì gǔ

（4）

孙敬读书，天天读到更深夜静，还不肯歇手。为了避免瞌睡，他用绳子一头悬住屋梁，一头紧紧系在自己的发髻上。

上海人民美術出版社

农历九月初三日

2021年10月8日

星期五

Friday, October 8th

寒露

辛丑年 戊戌月 己丑日

世界视觉日

04 05 06 07 08 09 10

悬梁刺股（下）

xuán liáng cì gǔ

（5）

每当昏昏欲睡、身不由己要倒下时，绳子便牵住发髻，狠狠地扯一下他的头发，痛得他直跳起来。此时他睡意顿消，赶紧坐正身子打起精神继续攻读。

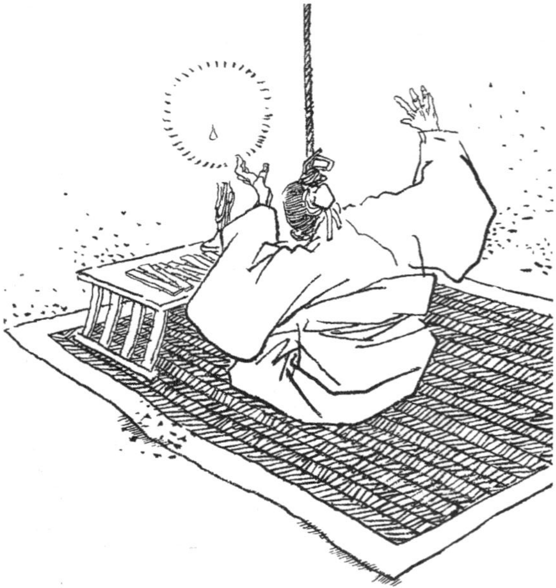

上海人民美術出版社

2021年10月9日

星期六

Saturday, October 9th

农历九月 初四日

辛丑年 戊戌月 庚寅日

世界邮政日

04 05 06 07 08 09 10

悬梁刺股（下）

xuán liáng cì gǔ

（6）

上海人民美術出版社

如此刻苦自学，十余年如一日，从不懈怠，孙敬的学识突飞猛进，最终成为一代大儒，留名后世。

农历九月 初五日

2021 年 10 月 10 日

星期日

Sunday, October 10th

十日

辛丑年 戊戌月 辛卯日

世界精神卫生日

04 05 06 07 08 09 10

悬梁刺股（下）

xuán liáng cì gǔ

（7）

后人将『孙敬悬梁』与『苏秦刺股』并列合为成语『悬梁刺股』，用来形容勤学苦读。

上海人民美術出版社

2021 年 10 月 11 日

星期一 *Monday, October 11th*

掩耳盗铃

出处：《吕氏春秋·自知》：“百姓有得钟者，欲负而走，则钟大不可负。以锤毁之，钟况然有音。恐人闻之而夺己也，遽揜其耳。”

释义： 揜：同“掩”，捂；盗：偷。“掩耳盗铃”，捂住自己的耳朵去偷铃铛。比喻自己欺骗自己。

11 12 13 14 15 16 17

十一

农历九月 初六日

辛丑年 戊戌月 壬辰日

掩耳盗铃（1）

yǎn ěr dào líng

上海人民美術出版社

春秋时代，晋国的智伯灭掉范氏以后，有人跑到范氏家里，看见门口挂着一口钟，想把它盗回家去。

绘画：马得

2021 年 10 月 12 日

星期二 *Tuesday, October 12th*

11 12 13 14 15 16 17

十二

农历九月 初七日

辛丑年 戊戌月 癸巳日

掩耳盗铃（2）

yǎn ěr dào líng

可是那口钟太大太重，怎么背也背不走。

于是他想了个办法，准备把钟砸碎，然后把碎片一块一块地搬回家。

上海人民美術出版社

2021 年 10 月 13 日

星期三 *Wednesday, October 13th*

世界保健日

11 12 13 14 15 16 17

十三

农历九月 初八日

辛丑年 戊戌月 甲午日

掩耳盗铃（3）

yǎn ěr dào líng

盗钟人找来一个大锤，使劲砸钟。『铛……』大钟发出震耳欲聋的巨响。

上海人民美術出版社

2021年10月14日

星期四

Thursday, October 14th

农历九月初九日

重阳节

辛丑年 戊戌月 乙未日

世界标准日

11 12 13 14 15 16 17

掩耳盗铃
yǎn ěr dào líng

（4）

盗钟人怕别人听见，惹出祸来，赶紧捂住自己的耳朵。

上海人民美術出版社

2021年10月15日

星期五 *Friday, October 15th*

国际盲人节

11 12 13 14 15 16 17

十五

农历九月 初十日

辛丑年 戊戌月 丙申日

掩耳盗铃（5）

yǎn ěr dào líng

他以为自己听不见，别人也不会听见，便大胆放心地把钟的碎片搬回家去。

上海人民美術出版社

2021年10月16日

星期六

Saturday, October 16th

农历九月十一日

十六

辛丑年 戊戌月 丁酉日

世界粮食日

11 12 13 14 15 16 17

掩耳盗铃（6）

yǎn ěr dào líng

古时候，铃和钟都是乐器。所以，『掩耳盗钟』后来就演变为『掩耳盗铃』了。

上海人民美術出版社

农历九月十二日

2021年10月17日

星期日

Sunday, October 17th

十七

辛丑年 戊戌月 戊戌日

世界消除贫困日

11 12 13 14 15 16 17

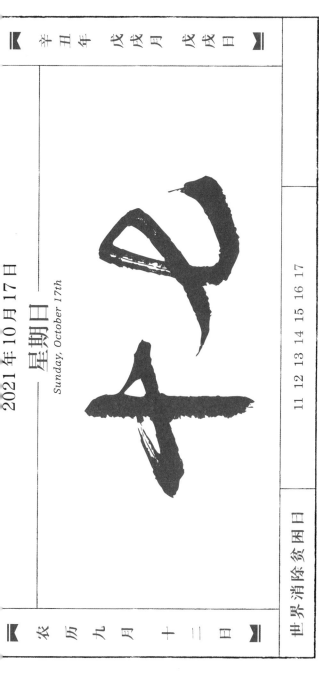

上海人民美術出版社

2021 年 10 月 18 日

星期一 *Monday, October 18th*

十八

辛丑年 戊戌月 己亥日

农历九月 十三日

叶公好龙

出处: 汉·刘向《新序·杂事》:"叶公子高好龙……屋室雕文以写龙。于是天龙闻而下之，窥头于牖，施尾于堂。叶公见之，弃而还走……是叶公非好龙也，好夫似龙而非龙者也。"

释义: 叶（旧读涉音）公：人名；好：爱好，喜欢。"叶公好龙"，比喻表面上爱好某事物，但并非真正的爱好，甚至实际上是畏惧它。写龙：描绘龙的纹样；牖（音有）：窗。

18 19 20 21 22 23 24

叶公好龙（1）

yè gōng hào lóng

春秋时楚国人沈诸梁，字子高，在叶地当县尹，自称『叶公』，他要别人也这么称呼他。别人知道他表字子高，便叫他『叶公子高』

上海人民美術出版社

绘画：徐海鸥

2021 年 10 月 19 日

星期二 *Tuesday, October 19th*

十九

农历九月 十四日

辛丑年 戊戌月 庚子日

18 19 20 21 22 23 24

叶公好龙（2）

yè gōng hào lóng

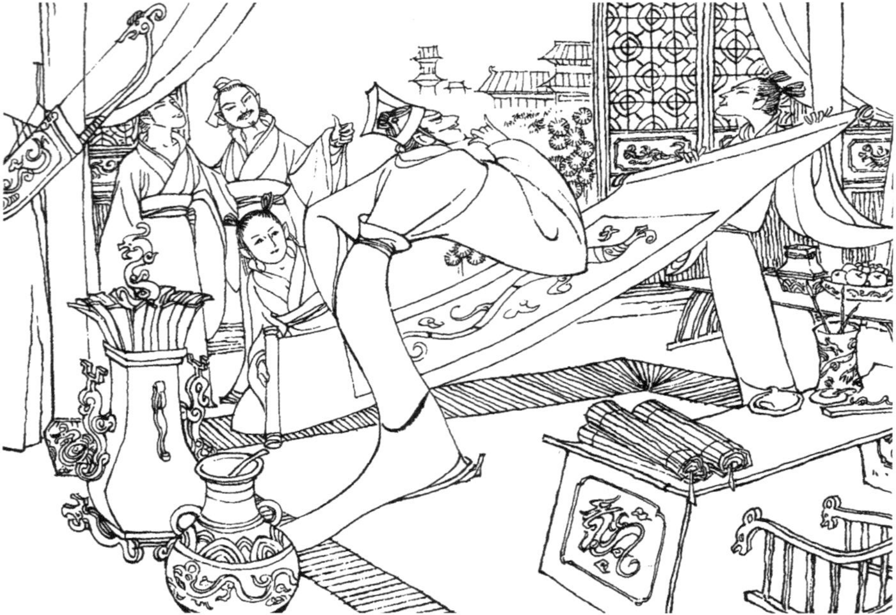

据说，这位叶公爱龙成癖，家里的梁、柱、门、窗上都雕着龙，墙上也画着龙，连日用器物上也都是龙纹。就这样，叶公爱好龙的名声，被人们传扬开了。

上海人民美術出版社

2021 年 10 月 20 日

星期三 *Wednesday, October 20th*

18 19 20 21 22 23 24

农历九月 十五日

辛丑年 戊戌月 辛丑日

叶公好龙（3）

yè gōng hào lóng

天上的真龙听说人间有这么一位叶公对它如此喜爱，很受感动，决定到人间去走一遭，对叶公表示谢意。

上海人民美術出版社

2021 年 10 月 21 日

星期四 *Thursday, October 21th*

18 19 20 21 22 23 24

廿一

农历九月 十六日

辛丑年 戊戌月 壬寅日

叶公好龙（4）

yè gōng hào lóng

天龙下降到叶公家里，叶公正在午睡。这时风雨大作，雷声隆隆，惊醒了他的好梦。他赶快起来，关闭窗户。

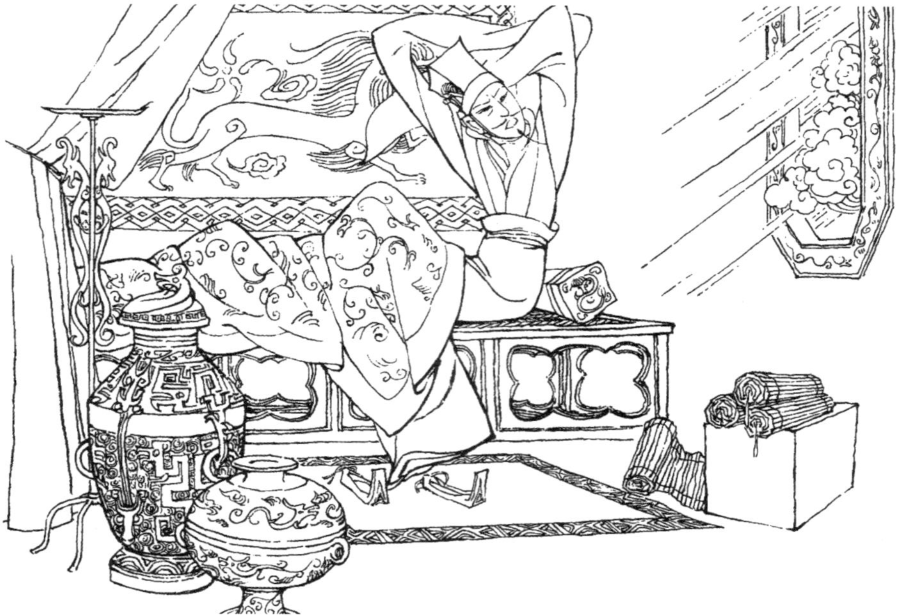

上海人民美術出版社

2021 年 10 月 22 日

星期五 *Friday, October 22th*

世界传统医药日

18 19 20 21 22 23 24

廿二

农历九月 十七日

辛丑年 戊戌月 癸卯日

叶公好龙（5）

yè gōng hào lóng

冷不防，天龙正好从窗子外把头伸进来，叶公看见了，顿时吓得魂飞魄散，夺门逃走。

上海人民美術出版社

农历九月十八日

2021年10月23日

星期六

Saturday, October 23th

霜降

辛丑年 戊戌月 甲辰日

18 19 20 21 22 23 24

叶公好龙 (6)

yè gōng hào lóng

他没命地冲进堂屋，不料堂屋里一条硕大无比的龙尾巴拦住了他的去路。他『哎呀』一声，面色如土，倒在地上人事不省。

上海人民美術出版社

农历九月十九日

2021年10月24日

星期日

Sunday, October 24th

辛丑年 戊戌月 乙巳日

联合国日

18 19 20 21 22 23 24

叶公好龙（7）

yè gōng hào lóng

天龙瞧着半死不活的叶公，不明白自己闯了什么祸，只好莫名其妙地走了。它哪里知道，叶公爱好的其实并不是真龙，而是那似龙非龙的假龙罢了！

上海人民美術出版社

2021 年 10 月 25 日

星期一 *Monday, October 25th*

廿五

农历九月 二十日

辛丑年 戊戌月 丙午日

一鸣惊人

出处：《史记·滑稽列传》：“此鸟不飞则已，一飞冲天；不鸣则已，一鸣惊人。”

释义：一声鸣叫就使人震惊，比喻平常默默无闻的人突然做出惊人的事情。

25 26 27 28 29 30 31

一鸣惊人（1）

yì míng jīng rén

战国时代的齐威王，登基时年纪还未满三十，真是年轻得意，全不把国事放在心上，天天在宫里饮酒作乐。这样一连三年，非但朝政纷乱，而且边境被侵的警报也接二连三地飞来。

绘画：徐恒瑜

上海人民美術出版社

2021 年 10 月 26 日

星期二 *Tuesday, October 26th*

25 26 27 28 29 30 31

廿六

农历九月 廿一日

辛丑年 戊戌月 丁未日

一鸣惊人（2）

yì míng jīng rén

有位大臣叫淳于髡（音昆）的，心灵嘴巧，最会随机应变。这天，他进宫叩问齐威王说：『国中有只大鸟，住在您王宫里，一晃三年了，它不飞也不叫。大王，您知道这只鸟为什么这样吗？』

上海人民美術出版社

2021 年 10 月 27 日

星期三 *Wednesday, October 27th*

农历九月 廿二日

辛丑年 戊戌月 戊申日

25 26 27 28 29 30 31

一鸣惊人（3）

yì míng jīng rén

齐威王知道他暗指自己，便说：『这鸟不飞则已，一飞冲天；不鸣则已，一鸣惊人。』淳于髡不再说话，想看他下一步怎么办。

上海人民美術出版社

2021 年 10 月 28 日

星期四 *Thursday, October 28th*

25 26 27 28 29 30 31

廿八

农历九月 廿三日

辛丑年 戊戌月 己酉日

一鸣惊人

yì míng jīng rén

（4）

齐威王果然说到做到，把酒杯扔在一边，开始带着群臣到全国视察。他边走边了解各地老百姓的生活和当地官员的治理情况。

上海人民美術出版社

2021年10月29日

星期五 *Friday, October 29th*

25 26 27 28 29 30 31

廿九

农历九月 廿四日

辛丑年 戊戌月 庚戌日

一鸣惊人（5）

yì míng jīng rén

做到心中有数后，他发下命令，召全国七十二个县的令、长（大县的长官叫县令，小县的长官叫县长）入朝，该赏的赏，该罚的罚。

上海人民美術出版社

农历九月廿五日

2021年10月30日

星期六

Saturday, October 30th

辛丑年 戊戌月 辛亥日

25 26 27 28 29 30 31

一鸣惊人（6）

yì míng jīng rén

从此以后，齐国内政清明，百姓安定。齐国国内的风气大变。当官的也罢，老百姓也罢，大家都变得说话老实、做事诚恳。

上海人民美術出版社

农历九月廿六日

2021年10月31日

星期日

Sunday, October 31th

辛丑年 戊戌月 壬子日

世界勤俭日

25 26 27 28 29 30 31

一鸣惊人（7）

yì míng jīng rén

安定国内后，齐威王就发兵进攻魏国，以报前几年魏军侵齐之仇。魏惠王没有办法，自愿割地求和。各诸侯也不敢再来侵犯，齐国安定了二十多年。齐威王真的『一鸣惊人』了！

2021 年 11 月 1 日

星期一 *Monday, November 1th*

一日

辛丑年 戊戌月 癸丑日

农历九月 廿七日

一衣带水

出处：《南史·陈后主纪》：“隋文帝谓仆射高颎曰：‘我为百姓父母，岂可限一衣带水不拯之乎？’”

释义：只有一条衣带那样宽的水面，形容隔着水面的两个地区极其邻近。

01 02 03 04 05 06 07

一衣带水（上）

yì yī dài shuǐ

（1）

公元581年，隋文帝杨坚夺取北周政权，建立了隋朝。当时，隋朝的国土包括黄河流域和巴、蜀等广大地区，加上文帝治理有方，大臣们同心拥戴，国力日益强大，对地处长江下游的弱小的陈朝构成了严重的威胁。

上海人民美術出版社

2021年11月2日

星期二 *Tuesday, November 2th*

二

农历九月 廿八日

日

辛丑年 戊戌月 甲寅日

01 02 03 04 05 06 07

一衣带水（上）

yì yī dài shuǐ

（2）

公元582年，陈宣帝去世，他的儿子叔宝即位，世称陈后主。后主是个荒淫无道的昏君，在北方大敌当前、迫切需要他励精图治的时候，他却只顾自己享乐，根本不把国家的安危放在心上。

上海人民美術出版社

2021 年 11 月 3 日

星期三 *Wednesday, November 3th*

01 02 03 04 05 06 07

三日

农历九月 廿九日

辛丑年 戊戌月 乙卯日

一衣带水（上）

yì yī dài shuǐ

（3）

后主最爱贵妃张丽华。为了和妃子们在一起纵情游乐，公元584年，后主大兴土木，在宫城内的光照殿前起造临春、结绮和望仙三座楼阁。这三座楼阁，每座高达数十丈，阁顶直插云霄。阁下积石为山，引水为池，种满了各式各样的奇花异草，宛若仙境。

上海人民美術出版社

2021 年 11 月 4 日

星期四 *Thursday, November 4th*

农历九月 三十日

辛丑年 戊戌月 丙辰日

01 02 03 04 05 06 07

三阁建成以后，后主就和张丽华等妃子住了进去，还挑选了几百名美丽的宫女充实其中。他们日夜听歌观舞，饮酒赋诗，吃的是山珍海味，穿的是绫罗绮绣，过着穷奢极欲的享乐生活。

上海人民美術出版社

2021年11月5日

星期五 *Friday, November 5th*

农历十月 初一日

辛丑年 戊戌月 丁巳日

01 02 03 04 05 06 07

一衣带水（上）

yì yī dài shuǐ

（5）

为了供自己和众嫔妃享乐，后主巧立名目盘剥百姓。无数家庭被逼得妻离子散，财产荡尽。大批贫苦的农民离开了自己的土地，长期在外面服劳役，有的甚至终身难归，客死他乡，社会矛盾达到了极其尖锐的地步。

上海人民美術出版社

2021年11月6日

星期六

Saturday, November 6th

农历十月 初二日

辛丑年 戊戌月 戊午日

六日

01 02 03 04 05 06 07

一衣带水（上）

yì yī dài shuǐ

（6）

起初，隋文帝还没有立即灭陈的意图，两国之间经常信使来往。后来，陈后主竟然自不量力，在答复隋朝的文书中出言不逊，肆意侮慢，使隋文帝看了非常恼火。

上海人民美術出版社

2021年11月7日

星期日

Sunday, November 7th

农历十月初三日

辛丑年 己亥月 己未日

01 02 03 04 05 06 07

一衣带水（上）

yì yī dài shuǐ

（7）

隋朝大臣清河公杨素、襄邑公贺若弼多次劝说隋文帝出兵讨伐。文帝虽然没有立即表态，但心里开始产生了灭陈的念头。

上海人民美術出版社

2021年11月8日

星期一 *Monday, November 8th*

中国记者日

08 09 10 11 12 13 14

八日

农历十月 初四日

辛丑年 己亥月 庚申日

一衣带水（下）

yì yī dài shuǐ

（1）

过了几天，隋文帝对仆射（相当于宰相）高颎（音窘）说：江南的士民被陈叔宝害得够苦了，我怎能因为长江一衣带水的阻隔而不去拯救他们呢！』于是就命令高颎负责督造战船，准备渡江作战之用。

上海人民美術出版社

2021 年 11 月 9 日

星期二 *Tuesday, November 9th*

全国消防安全宣传教育日

08 09 10 11 12 13 14

九日

农历十月 初五日

辛丑年 己亥月 辛酉日

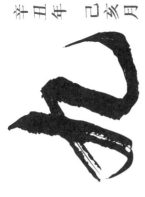

一衣带水（下）

yì yī dài shuǐ

（2）

有些大臣对隋文帝说：『造船的事如果让陈人知道，就会引起他们的戒备，应当注意保密。』文帝说：『我是代天讨伐有罪的人，用不到保密。如果陈叔宝能够幡然悔改，我对他又有什么威胁呢！』

上海人民美術出版社

2021年11月10日

星期三 *Wednesday, November 10th*

世界青年节

08 09 10 11 12 13 14

十日

农历十月 初六日

辛丑年 己亥月 壬戌日

一衣带水（下）

yì yī dài shuǐ

（3）

公元587年，原来依附于隋朝的后梁宗室大臣萧岩、萧瓛（音环）突然逃奔陈朝，陈后主接纳了他们，并封他们为东扬州刺史和吴州刺史。这件事成了隋朝灭陈的导火线。

2021 年 11 月 11 日

星期四 *Thursday, November 11th*

十一

农历十月 初七日

辛丑年 己亥月 癸亥日

08 09 10 11 12 13 14

一衣带水（下）（4）

yì yī dài shuǐ

消息传来，隋文帝感到再也无法容忍，就决定迅速出兵伐陈。他先命人起草一道诏书，指出了陈后主的二十条罪状。然后复抄三十万份，派人潜入陈朝境内，广为散发.

上海人民美術出版社

2021 年 11 月 12 日

星期五 *Friday, November 12th*

08 09 10 11 12 13 14

十二

农历十月 初八日

辛丑年 己亥月 甲子日

一衣带水（下）
yì yī dài shuǐ

（5）

公元588年冬天，隋文帝任命他的儿子晋王杨广为统帅，会同秦王杨俊、清河公杨素，以及韩擒虎、贺若弼等大将，率军五十一万八千人，分八路大举讨伐陈朝。

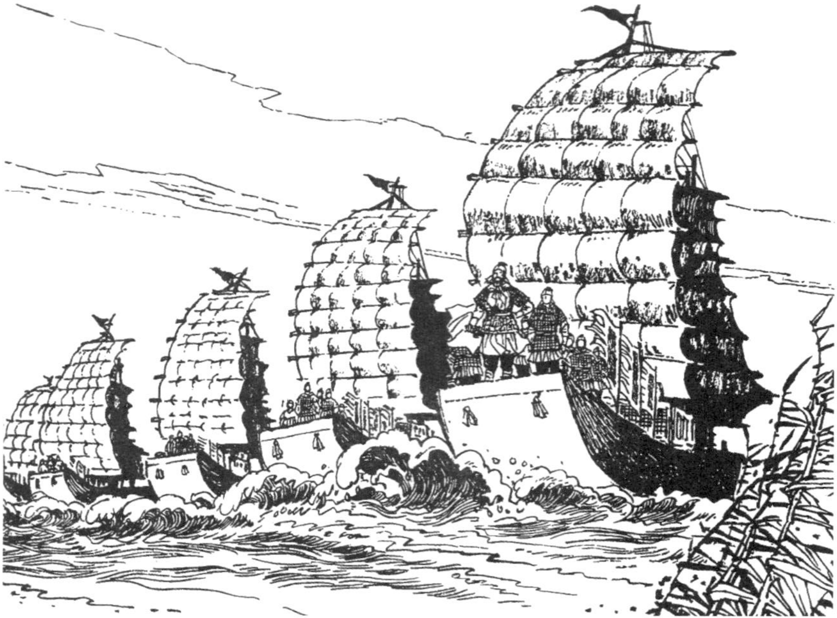

上海人民美術出版社

农历十月初九日

2021年11月13日

星期六

Saturday, November 13th

十三

辛丑年 乙亥月 乙丑日

08 09 10 11 12 13 14

一衣带水（下）

yì yī dài shuǐ

（6）

陈朝沿江戍守的部队，发现隋军大举入侵，立即派人赶到京城建邺（今江苏南京）告急。军情终于传到了后主耳中，可他仍若无其事，纵酒赋诗。

上海人民美術出版社

2021年11月14日

星期日

Sunday, November 14th

农历十月 初十日

辛丑年 己亥月 丙寅日

08 09 10 11 12 13 14

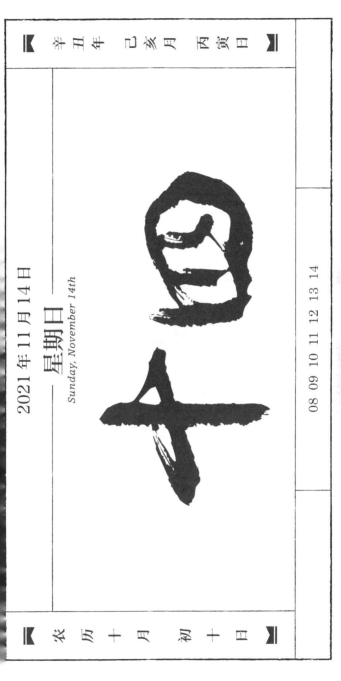

一衣带水（下）

yì yī dài shuǐ

（7）

陈将任忠投降了韩擒虎，引导隋军从南掖门进入宫城。后主听说隋军已经进宫，连忙和张丽华等妃子逃到景阳殿后的枯井里。这个荒淫无道的末代君王终于做了隋军的俘虏，和隋朝一衣带水的陈朝也就此灭亡了。

上海人民美術出版社

2021 年 11 月 15 日

星期一 *Monday, November 15th*

鹬蚌相争

出处：《战国策·燕策二》：“……苏代为燕谓惠王曰：‘……蚌方出曝，而鹬啄其肉，蚌合而拑其喙。’鹬曰：‘今日不雨，明日不雨，即有死蚌。’蚌亦谓鹬曰：‘今日不出，明日不出，即有死鹬。’两者不肯相舍，渔者得而并禽之。”

释义：“鹬蚌相争”，常与“渔人得利”连用，指鹬和蚌互相争持，渔翁正好把它们一起捉了。比喻双方相持不下，结果两败俱伤，第三者因而得利。

15 16 17 18 19 20 21

十五

农历十月 十一日

辛丑年 己亥月 丁卯日

鹬蚌相争（1）

yù bàng xiāng zhēng

上海人民美術出版社

战国时候，强大的秦国企图并吞各国，独霸天下。就在这时，赵国与燕国发生摩擦，准备去攻打燕国。洛阳人苏代特地赶往赵国，劝说赵惠王。

2021 年 11 月 16 日

星期二 *Tuesday, November 16th*

15 16 17 18 19 20 21

十六

农历十月 十二日

辛丑年 己亥月 戊辰日

鹬蚌相争（2）

yù bàng xiāng zhēng

苏代见了赵惠王，给他讲了个故事。他说这次来赵国时，经过易水，看见一只河蚌张开了壳，在河滩上晒太阳。有只鹬鸟飞来，一下扑去啄住蚌肉。河蚌连忙合上坚硬的壳，将它细长的嘴紧紧钳住。

上海人民美術出版社

2021年11月17日

星期三 *Wednesday, November 17th*

国际大学生节

15 16 17 18 19 20 21

十七

农历十月 十三日

辛丑年 己亥月 己巳日

鹬蚌相争（3）

yù bàng xiāng zhēng

双方争持不下。鹬鸟牢牢啄住河蚌的肉，威胁说：『看着吧，今天不下雨，明天不下雨，你会被晒死在河滩上。』

上海人民美術出版社

2021 年 11 月 18 日

星期四 *Thursday, November 18th*

15 16 17 18 19 20 21

十八

农历十月 十四日

辛丑年 己亥月 庚午日

鹬蚌相争（4）

yù bàng xiāng zhēng

河蚌也不示弱，紧紧夹住鹬鸟的嘴说：『好吧，我今天不放你，明天不放你，你将饿死在这里。』

上海人民美術出版社

2021 年 11 月 19 日

星期五 *Friday, November 19th*

下元节

15 16 17 18 19 20 21

十九

农历十月 十五日

辛丑年 己亥月 辛未日

鹬蚌相争（5）

yù bàng xiāng zhēng

双方互不相让，搞得筋疲力尽。正在这时，有个打鱼的老人经过河滩，见此情景，不禁喜笑颜开，顺手把它们一齐捉住。

上海人民美術出版社

农历十月十六日

2021年11月20日

星期六

Saturday, November 20th

辛丑年 己亥月 壬申日

15 16 17 18 19 20 21

鹬蚌相争（6）

yù bàng xiāng zhēng

苏代讲完故事，劝赵惠王说：『现在赵国要去攻打燕国，双方相持不下，实力大量消耗。我担心强大的秦国，就会像渔翁那样，坐收其利啊！望大王慎重考虑。』

上海人民美術出版社

农历十月十七日

2021年11月21日

星期日

Sunday, November 21th

辛丑年 己亥月 癸酉日

世界问候日

15 16 17 18 19 20 21

世界电视日

鹬蚌相争（7）

yù bàng xiāng zhēng

赵惠王认为苏代讲得很有道理，便停止了这次军事行动。

上海人民美術出版社

农历十月十八日

2021年11月22日

星期一

Monday, November 22th

小雪

辛丑年 己亥月 甲戌日

22 23 24 25 26 27 28

愚公移山（1）

yú gōng yí shān

传说我国古时候，在冀州之南、河阳以北有两座大山，一座叫太行山，一座叫王屋山，方圆七百里，高数万丈。

绘画：朱玉成

上海人民美術出版社

2021 年 11 月 23 日

星期二 *Tuesday, November 23th*

愚公移山

出处：《列子·汤问》：“太形、王屋二山，方七百里，高万仞；本在冀州之南，河阳之北。北山愚公者，年且九十，面山而居。惩山北之塞，出入之迂也，聚室而谋，曰：‘吾与汝毕力平险，指通豫南，达于汉阴，可乎？’杂然相许。”

释义：比喻做事有毅力，不怕困难。现多用来比喻人们征服自然、改造世界的雄心壮志和坚定不移的精神。太形：后通指“太行”。形：通“行”。

22 23 24 25 26 27 28

廿三

农历十月 十九日

辛丑年 己亥月 乙亥日

愚公移山 (2)

yú gōng yí shān

山北住着一位叫愚公的老汉，年纪快九十岁了。他每次出门，都因被两座大山挡着，要绕很大的圈子，走许多弯路，才能到达南边的豫州和汉水。愚公为此十分苦恼。

上海人民美術出版社

2021 年 11 月 24 日

星期三 *Wednesday, November 24th*

22 23 24 25 26 27 28

农历十月 二十日

辛丑年 己亥月 丙子日

愚公移山（3）

yú gōng yí shān

一天，愚公下了决心，把全家人召集起来商议，说：『我准备和你们一起，以毕生精力，把这两座大山搬掉，修一条直通豫州、汉水的大道，你们说好不好？』全家人都表示赞成。

上海人民美術出版社

2021 年 11 月 25 日

星期四 *Thursday, November 25th*

22 23 24 25 26 27 28

农历十月 廿一日

辛丑年 己亥月 丁丑日

愚公移山（4）

yú gōng yí shān

第二天天刚亮，愚公就带领儿孙们开始挖山。他们使劲掘土，用竹筐、畚箕，把一堆堆泥土、石块挑到渤海边去。

上海人民美術出版社

2021 年 11 月 26 日

星期五 *Friday, November 26th*

22 23 24 25 26 27 28

廿六

农历十月 廿二日

辛丑年 己亥月 戊寅日

愚(yú)公(gōng)移(yí)山(shān)（5）

愚公移山的事，感动了周围所有的人。邻居寡妇京城氏家有个孤儿，年仅七八岁，见愚公他们干得起劲，也蹦蹦跳跳地跑来帮忙。那孩子日日夜夜在工地上忙，只有冬夏换季的时候才回家一次。

上海人民美術出版社

农历十月廿三日

2021年11月27日

星期六

Saturday, November 27th

廿七

辛丑年 己亥月 己卯日

22 23 24 25 26 27 28

愚公移山（6）

yú gōng yí shān

河曲有个智叟看见了，劝愚公不要不自量力，白费力气。愚公叹了口气说：『你还不如个小孩子哩！我死了以后，有我的儿子，儿子死了又有孙子，子子孙孙无穷尽，而这两座山却不会再增高了，怎么会挖不平呢？』智叟理屈辞穷，答不上话来。

上海人民美術出版社

2021年11月28日

星期日

Sunday, November 28th

农历十月廿四日

廿八

辛丑年 己亥月 庚辰日

22 23 24 25 26 27 28

愚公移山 （7）

yú gōng yí shān

愚公移山的精神，感动了天帝。天帝派了两个神仙下凡，一夜之间，把太行、王屋两座山背走。从此，愚公家门口出现了一条直通豫州、汉水的大道，再也没有高山阻挡了。

上海人民美術出版社

2021年11月29日

星期一 *Monday, November 29th*

余音绕梁

出处：《列子·汤问》：“昔韩娥东之齐，匮粮，过雍门，鬻歌假食。既去而余音绕梁欐，三日不绝，左右以其人弗去。”

释义：余音：歌唱或演奏后好像还留下来的乐声。“余音绕梁”，意指遗留下来的乐声绕着屋梁打转。常用以形容优美的歌声给人留下深刻的印象。欐（音利）：正梁。

29 30 01 02 03 04 05

廿九

农历十月 廿五日

辛丑年 己亥月 辛巳日

余音绕梁（1）

yú yīn rào liáng

古时候，秦国有个喜欢唱歌的人名叫薛谭。他非常仰慕远近闻名的歌唱家秦青，打老远来拜他为师。学了一阵子，薛谭自以为把秦青的全部本领都学会了，便向老师告辞，准备回家。

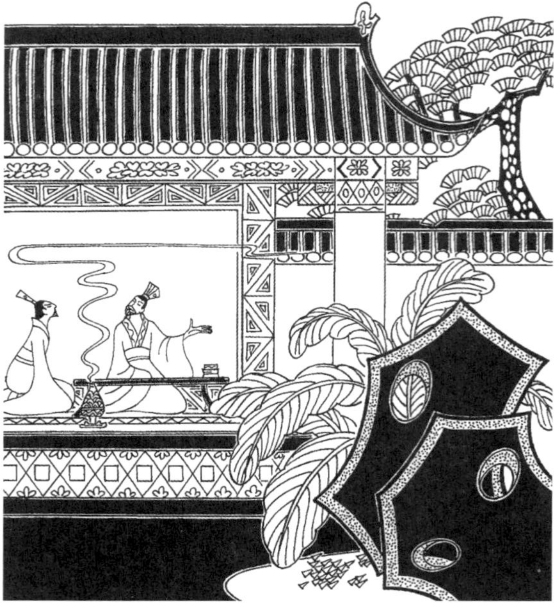

上海人民美術出版社

2021 年 11 月 30 日

星期二 *Tuesday, November 30th*

29 30 01 02 03 04 05

卅日

农历十月 廿六日

辛丑年 己亥月 壬午日

余音绕梁（2）

yú yīn rào liáng

秦青明知薛谭还有许多尚未学过，但没有劝阻而是亲自到送客亭为他饯行。又给他讲了个故事：『从前，韩国有个韩娥，要去齐国，一天经过雍门这个地方时，干粮吃光了，就卖唱谋生。

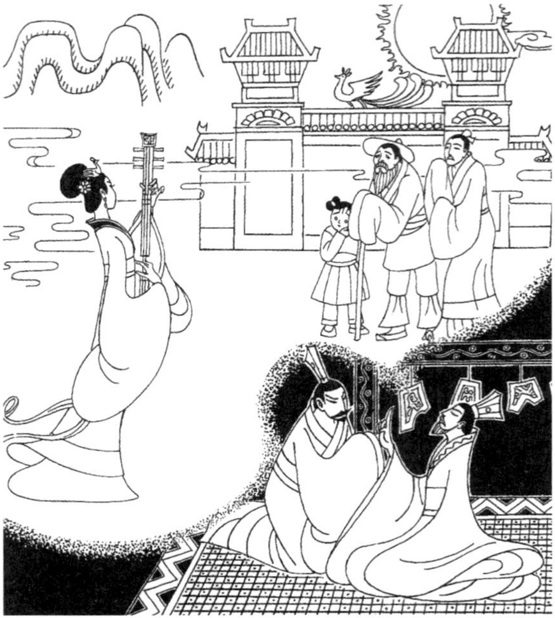

上海人民美術出版社

2021 年 12 月 1 日

星期三 *Wednesday, December 1th*

世界艾滋病日

29 30 01 02 03 04 05

农历十月 廿七日

辛丑年 己亥月 癸未日

余音绕梁（3）

yú yīn rào liáng

『她的歌声清脆婉转，异常动听。歌唱完了，人也走了，可大伙觉得她的歌声还在绕着屋梁打转（既去而余音绕梁欐）。过了三天，那美妙的歌声仿佛还在，以致人们以为她还没有离去。

上海人民美術出版社

2021 年 12 月 2 日

星期四

Thursday, December 2th

全国交通安全日

29 30 01 02 03 04 05

二日

农历十月 廿八日

辛丑年 己亥月 甲申日

余音绕梁（4）

yú yīn rào liáng

『韩娥来到一家客店，店主嫌她穷，不仅不让她住，还骂了她一顿。韩娥遭此侮辱，加上食宿无着，不禁悲愤交集，伤心地痛哭。周围的大人小孩听了，都被她那哀怨似歌的哭声所感动，相对流泪，三天吃不下饭。

上海人民美術出版社

2021 年 12 月 3 日

星期五

Friday, December 3th

世界残疾人日

29 30 01 02 03 04 05

三日

农历十月 廿九日

辛丑年 己亥月 乙酉日

余音绕梁（5）

yú yīn rào liáng

『大家同情韩娥，乘驿车把她追了回来，送给她许多路费。这时，韩娥转悲为喜，敞开美妙的歌喉，唱出了悠扬悦耳的欢歌。

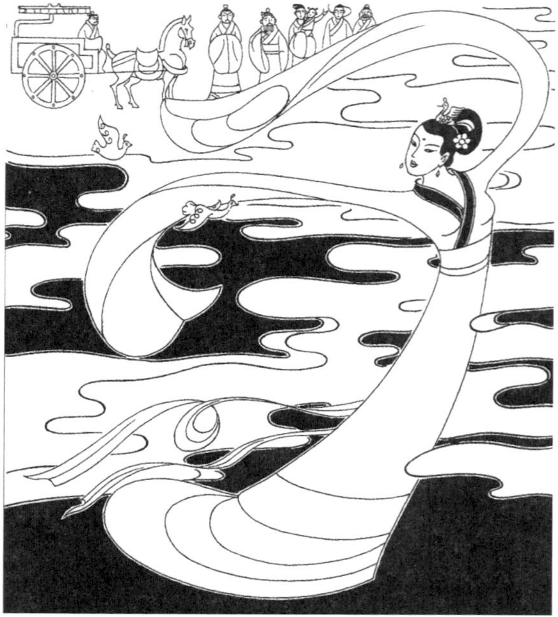

上海人民美術出版社

2021 年 12 月 4 日

星期六

Saturday, December 4th

农历十一月初一日

四日

辛丑年 己亥月 丙戌日

全国法制宣传日

29 30 01 02 03 04 05

余音绕梁（6）

yú yīn rào liáng

『男女老少听了，都被她的歌声所打动，翩翩起舞。从此，这一带的人们唱和哭，都仿效韩娥的声调，十分动听。』

上海人民美術出版社

农历十一月初二日

2021年12月5日

星期日

Sunday, December 5th

辛丑年 己亥月 丁亥日

29 30 01 02 03 04 05

余音绕梁（7）

yú yīn rào liáng

薛谭听完这个故事，受到启发，决心攀登艺术的高峰，要像韩娥一样，唱出的歌能够『余音绕梁』。后来，在秦青的指导下，薛谭也成了当时著名的歌唱家。

上海人民美術出版社

2021 年 12 月 6 日

星期一 *Monday, December 6th*

六日

农历十一月 初三日

辛丑年 己亥月 戊子日

约法三章

出处:《史记·高祖本纪》:“与父老约，法三章耳，杀人者死，伤人及盗抵罪。”

释义: 约：约定。“约法三章”，约定三条法律。后指约好或规定几条章程，大家遵守。

06 07 08 09 10 11 12

约法三章（1）

yuē fǎ sān zhāng

上海人民美術出版社

公元前206年，刘邦统率大军攻入关中，到了灞上（今陕西西安东）。这里离秦都咸阳只有几十里路了。

绘画：张仁康 方瑶民

2021年12月7日

星期二

Tuesday, December 7th

农历十一月 初四日

大雪

辛丑年 庚子月 己丑日

06 07 08 09 10 11 12

约法三章（2）

yuē fǎ sān zhāng

这时，秦二世胡亥已被赵高杀死，继位的是胡亥的侄儿子婴。子婴眼看大势已去，再也无力抵抗，便乘素车白马，捧着御玺（皇帝的印）出城投降。

上海人民美術出版社

2021 年 12 月 8 日

星期三 *Wednesday, December 8th*

06 07 08 09 10 11 12

八日

辛丑年 庚子月 庚寅日

农历十一月 初五日

约法三章（3）

yuē fǎ sān zhāng

有几位将领建议刘邦把子婴杀掉。刘邦摇摇手说：『不能。现在秦王已经投降，如果再杀掉他，那是不得人心的。』他将秦王交给手下人看管，自己率领大军进入咸阳。

上海人民美術出版社

2021 年 12 月 9 日

星期四 *Thursday, December 9th*

世界足球日

06 07 08 09 10 11 12

九日

农历十一月 初六日

辛丑年 庚子月 辛卯日

约法三章（4）

yuē fǎ sān zhāng

刘邦入城，看到宫殿雄伟壮丽，也想住进宫里享受一番。武将樊哙和谋臣张良都劝谏他不要贪图享受。刘邦接受了他们的意见，立即下令封闭宫室、宝库，率领队伍退到灞上。

上海人民美術出版社

2021 年 12 月 10 日

星期五 *Friday, December 10th*

世界人权日

06 07 08 09 10 11 12

十日

农历十一月 初七日

辛丑年 庚子月 壬辰日

约法三章（5）

yuē fǎ sān zhāng

刘邦把各地父老豪杰召集起来，和他们约法三条：第一，杀人者要处死；第二，伤人者要办罪；第三，抢劫者也要惩罚。

上海人民美術出版社

农历十一月初八日

2021年12月11日

星期六

Saturday, December 11th

辛丑年 庚子月 癸巳日

06 07 08 09 10 11 12

约法三章

yuē fǎ sān zhāng

(6)

上海人民美術出版社

刘邦又说：『原有秦朝严酷的法律统统废除。所有的官吏、百姓都可照常做事。我到这里来是为父老百姓除害的，你们都不用害怕。』

农历十一月初九日

2021 年 12 月 12 日

星期日

Sunday, December 12th

辛丑年 庚子月 甲午日

西安事变纪念日

06 07 08 09 10 11 12

约法三章（7）

yuē fǎ sān zhāng

刘邦还派人到各乡各县宣传约法三章。老百姓都很高兴，纷纷带着牛羊酒食前来慰劳将士们。

上海人民美術出版社

2021 年 12 月 13 日

星期一 *Monday, December 13th*

十三

辛丑年 庚子月 乙未日

农历十一月 初十日

运筹帷幄

出处：《史记·高祖本纪》：“夫运筹帷幄之中，决胜于千里之外，吾不如子房。”《史记·太史公自序》：“运筹帷幄之中，制胜于无形，子房（张良）计谋其事，无知名，无勇功，图难于易，为大于细。”

释义：筹：谋略；帷幄：军中的帐幕。“运筹帷幄”，指在军中策划和运用克敌制胜的谋略。

13 14 15 16 17 18 19

运筹帷幄（上）

yùn chóu wéi wò

（1）

上海人民美術出版社

公元前205年，楚汉两军在彭城发生激战，汉军伤亡惨重，全线崩溃。刘邦的父母和妻子吕雉都在路上被俘。刘邦自己一直逃到荥阳（今属河南），才站住脚跟。

2021 年 12 月 14 日

星期二 *Tuesday, December 14th*

十四

农历十一月 十一日

辛丑年 庚子月 丙申日

13 14 15 16 17 18 19

运筹帷幄（上）

yùn chóu wéi wò

（2）

彭城之战的惨重失败，使刘邦几乎失去了胜利的信心。他在途中对谋臣张良说：『函谷关以东的地方，我准备不要了。你看送给什么人，可以使他们为我建功立业？』

上海人民美術出版社

2021年12月15日

星期三 *Wednesday, December 15th*

13 14 15 16 17 18 19

十五

农历十一月 十二日

辛丑年 庚子月 丁酉日

运筹帷幄（上）

yùn chóu wéi wò

（3）

张良说：『大将韩信善于用兵，屡战屡胜；楚九江王英布和项羽有矛盾；魏相国彭越是员猛将。如果他们能够为您所用，项羽就没有安宁的日子。』于是刘邦根据张良的意见，加紧对三人的联络，对项羽后方发动骚扰和进攻。

上海人民美術出版社

2021 年 12 月 16 日

星期四 *Thursday, December 16th*

13 14 15 16 17 18 19

十六

农历十一月 十三日

辛丑年 庚子月 戊戌日

运筹帷幄（上）

yùn chóu wéi wò

（4）

当时，韩信正率领大军在东方作战。经过一年多的艰苦奋斗，先后平定了魏、赵等诸侯国，实力雄厚。公元前204年冬，韩信攻下了齐国都城临淄后，派人到荥阳去见刘邦，请求封他为假齐王（即代理齐王）。

上海人民美術出版社

2021 年 12 月 17 日

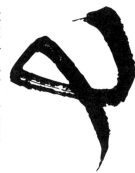

星期五 *Friday, December 17th*

十七

农历十一月 十四日

辛丑年 庚子月 己亥日

13 14 15 16 17 18 19

运筹帷幄（上）

yùn chóu wéi wò

（5）

这时，荥阳正处于楚军的包围之中。刘邦接见使者以后，极为不悦。张良连忙走到刘邦身后踩踩他的脚，附在他耳边说：『大王目前正处在不利的形势下，不如趁此机会封了他，否则就有可能发生变乱。』

上海人民美術出版社

农历十一月十五日

2021年12月18日

星期六

Saturday, December 18th

十八

辛丑年 庚子月 庚子日

13 14 15 16 17 18 19

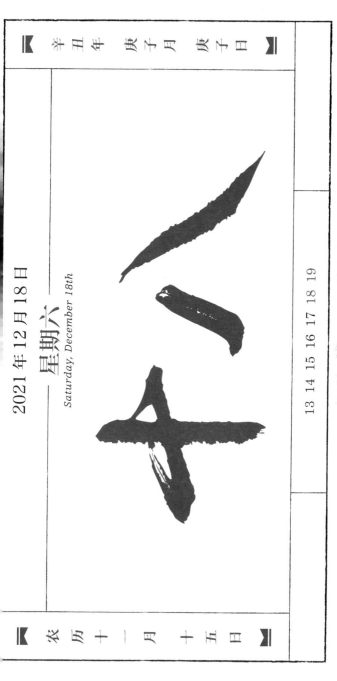

运筹帷幄（上）

yùn chóu wéi wò

（6）

刘邦领会了这层意思，灵机一动，马上又故意骂道：『大丈夫既然平定了诸侯，就应当做真王，为什么要做假王呢！』当即命人取过符信交给张良，派他随同使者到临淄去封韩信为齐王，同时征调韩信的部队来攻打楚军。

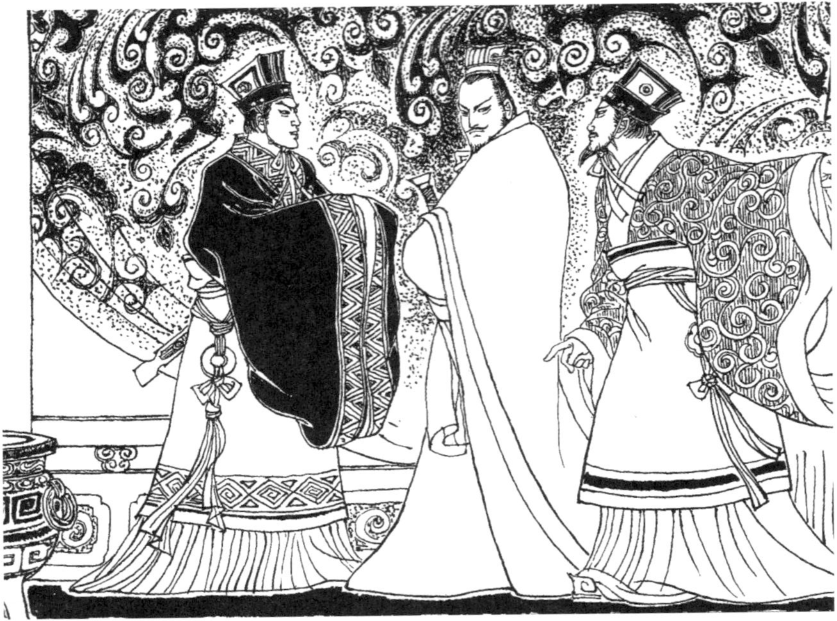

上海人民美術出版社

农历十一月十六日

2021年12月19日

星期日

Sunday, December 19th

辛丑年 庚子月 辛丑日

13 14 15 16 17 18 19

运筹帷幄（上）

yùn chóu wéi wò

（7）

活跃在梁地的彭越，不断从后方骚扰楚军，先后攻下了睢阳（今河南商丘南）、外黄（今河南民权西北）等十七座县城，并多次袭击和切断楚军的粮道，使项羽无法集中力量打败刘邦。公元前203年，项羽被迫同刘邦停战讲和。

上海人民美術出版社

2021 年 12 月 20 日

星期一 *Monday, December 20th*

澳门回归纪念日

20 21 22 23 24 25 26

农历十一月 十七日

辛丑年 庚子月 壬寅日

运筹帷幄（下）（1）

yùn chóu wéi wò

和约缔结以后，项羽将刘邦的父母、妻子放回汉营，随即引兵东归。正当刘邦也准备率军返回关中时，张良和陈平又来见他说：『项羽已经兵疲粮尽，现在正是消灭他的极好机会。否则放虎归山，将会遗患无穷！』

上海人民美術出版社

2021年12月21日

星期二

Tuesday December 21th

农历十一月十八日

冬至

辛丑年 庚子月 癸卯日

国际篮球日

20 21 22 23 24 25 26

运筹帷幄（下）

yùn chóu wéi wò

（2）

刘邦听了，觉得他们的意见很有道理，就马上调回部队，向东去追击楚军。

上海人民美術出版社

2021 年 12 月 22 日

星期三 *Wednesday, December 22th*

廿二

农历十一月 十九日

辛丑年 庚子月 甲辰日

20 21 22 23 24 25 26

运筹帷幄（下）

yùn chóu wéi wò

（3）

汉军追到阳夏（今河南太康）南面，终于赶上了项羽。为了彻底打垮楚军，刘邦派人去召请韩信和彭越在指定的日期内率军来会合，一起参加战斗。结果韩、彭两人一个也没有来。

上海人民美術出版社

2021 年 12 月 23 日

星期四 *Thursday, December 23th*

20 21 22 23 24 25 26

廿三

农历十一月 二十日

辛丑年 庚子月 乙巳日

运筹帷幄（下）

yùn chóu wéi wò

（4）

上海人民美術出版社

楚汉两国转战到固陵（今河南太康南），项羽突然向刘邦发起猛烈的反击，把汉军打得丢盔弃甲，仓皇后撤。刘邦只好筑起营垒，坚守不出。

2021年12月24日

星期五 *Friday, December 24th*

平安夜

20 21 22 23 24 25 26

廿四

农历十一月 廿一日

辛丑年 庚子月 丙午日

运筹帷幄（下）

yùn chóu wéi wò

（5）

刘邦忧心忡忡地对张良说：『韩信和彭越不来参战，怎么办？』张良说：『他们不来，是怕您日后有功不赏。大王如果能把陈（今河南淮阳）和睢阳以东的土地赐给他们，使两人各自为战，他们就一定会很快率军前来了。』

上海人民美術出版社

农历十一月廿二日

2021年12月25日

星期六

Sunday, December 25th

辛丑年 庚子月 丁未日

圣诞节

20 21 22 23 24 25 26

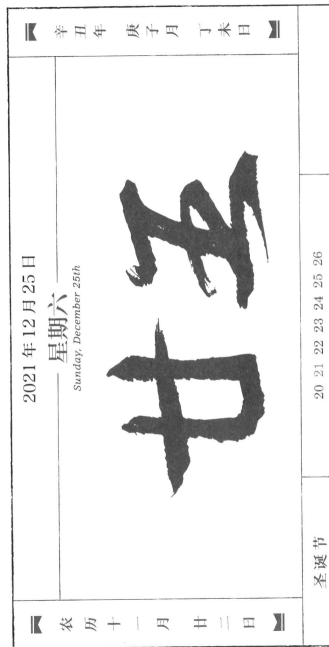

运筹帷幄（下）

yùn chóu wéi wò

（6）

刘邦听罢，立即派人专程前去向韩信和彭越宣布赐地的决定。两人果然表示马上进兵来和刘邦会合。公元前202年，项羽在垓下陷入汉军重围，兵败自杀。刘邦经过五年的艰苦奋战，终于统一了天下。

上海人民美術出版社

农历十一月廿三日

2021 年 12 月 26 日

星期日

Sunday, December 26th

廿六

辛丑年 庚子月 戊申日

世界足球日

20 21 22 23 24 25 26

运筹帷幄（下）

yùn chóu wéi wò

（7）

灭楚以后，刘邦在洛阳大会群臣，论功行赏。他当着百官的面说：『子房虽然没有上阵打仗，但他运筹帷幄之中，决胜千里之外，建立了特殊的功勋。』当即宣布封赏给张良齐地三万户。张良谦逊地辞谢了，最后被封为留侯。

上海人民美術出版社

2021 年 12 月 27 日

星期一 *Monday, December 27th*

振臂一呼

出处：《文选·李陵〈答苏武书〉》：“然陵振臂一呼，创病皆起。”

释义：振：挥动；呼：呼唤，号召。“振臂一呼”，意为挥动手臂，一声号召。创病：伤员病号。

27 28 29 30 31 01 02

廿七

农历十一月 廿四日

辛丑年 庚子月 己酉日

振臂一呼（1）

zhèn bì yì hū

公元前100年，匈奴且鞮（音居低）侯单于派使者来长安修好。汉武帝刘彻以礼相待，并派侍中苏武出使匈奴，增进双方友谊。另派骑都尉李陵率领五千人马，往酒泉、张掖一带去屯兵练武，以防不测。

绘画：施大畏

上海人民美術出版社

2021 年 12 月 28 日

星期二 *Tuesday, December 28th*

27 28 29 30 31 01 02

廿八

农历十一月 廿五日

辛丑年 庚子月 庚戌日

振臂一呼（2）

zhèn bì yì hū

苏武到了匈奴，匈奴果然背信弃义，威胁利诱不成便将他扣留并迁到北海边放羊。李陵奉命率步兵五千人北上，攻打匈奴。不久，汉军与三万匈奴骑兵遭遇。李陵统率士兵在开阔地上布阵，与匈奴骑兵激战，匈奴伤亡很大。单于大惊，下令撤退。

上海人民美術出版社

2021 年 12 月 29 日

星期三 *Wednesday, December 29th*

27 28 29 30 31 01 02

廿九

农历十一月 廿六日

辛丑年 庚子月 辛亥日

振(zhèn)臂(bì)一(yì)呼(hū)（3）

单于又调来八万骑兵进攻李陵，李陵估计到双方实力相差太远，一边抵抗一边向南撤退，又杀死匈奴兵三千多人。不料，汉军小军官管放投降匈奴，把汉军只剩三千多人、弓矢将尽、没有援军等内情，都告诉了单于。

上海人民美術出版社

辛丑年 庚子月 壬子日

卅日

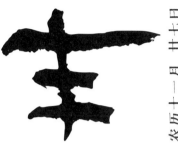

农历十一月 廿七日

2021 年 12 月 30 日

星期四 *Thursday, December 30th*

27 28 29 30 31 01 02

振臂一呼（4）

zhèn bì yì hū

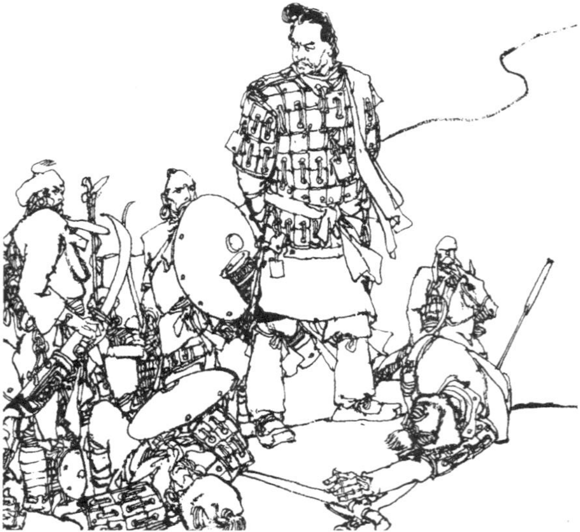

汉军连续厮杀了两天，矢尽粮绝，李陵也被俘了。汉武帝得到败报，十分震怒。到了公元前97年，武帝听说李陵已经降敌，并为匈奴出谋划策抵御汉军，便下令杀死李陵的家属。其实这消息并不确实。

上海人民美術出版社

2021 年 12 月 31 日

星期五 *Friday, December 31th*

辛丑年 庚子月 癸丑日

农历十一月 廿八日

27 28 29 30 31 01 02

振臂一呼（5）

zhèn bì yì hū

不久，单于把女儿嫁给李陵。这时远在北海边牧羊的苏武给李陵写了一封信，一方面问候老友，一方面责备他不该背汉降敌。李陵看了伤感又惭愧，就写了一封回信。叙述他当初出击匈奴、冒死血战的情形，解释自己降敌乃是出于不得已；同时也谴责汉武帝负德寡恩，杀了他的全家。信中有句话：『陵振臂一呼，创病皆起，举刀指虏，胡兵奔走。』

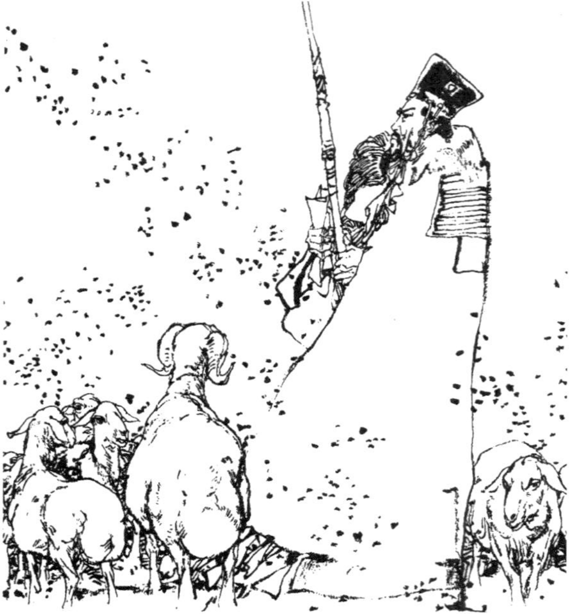

上海人民美術出版社

上海人民美術出版社

金榜题名

由宋徽宗赵佶所书，
其独创的瘦金体运笔灵动，
瘦挺爽利、侧锋如兰竹，
具有强烈的个性色彩，
同时又极具那个时代的审美趣味。
赵孟頫评价其谓
『天骨遒美，逸趣蔼然』。